AF318032

DESCRIPTION

DES

AMMONITIDES DU BARRÉMIEN

DU DJEBEL-OUACH

— PRÈS CONSTANTINE —

DESCRIPTION

DES

AMMONITIDES DU BARRÉMIEN

DU DJEBEL-OUACH

PAR

G. SAYN

———

LYON
IMPRIMERIE PITRAT AÎNÉ
4, RUE GENTIL, 4
1890

INTRODUCTION

Dans ses *Etudes supplémentaires de paléontologie algérienne*, publiées en 1880 dans le *Bulletin* de l'Académie d'Hippone, Coquand donna de courtes diagnoses d'une vingtaine d'ammonites nouvelles provenant du néocomien du Djebel-Ouach et de Duvivier (province de Constantine), malheureusement il n'en donna aucune figure, ce qui, comme le dit très bien M. Péron *(Géologie de l'Algérie*, p. 43), rend bien difficile la connaissance de ces formes. En 1886, M. Heinz, de Constantine, à qui Coquand était redevable d'une grande partie de ses matériaux, fit exécuter des planches photographiées, représentant la majeure partie des formes nommées par Coquand. M. Heinz n'avait malheureusement pas entre les mains les échantillons types restés dans la collection du savant professeur de Marseille, il fut donc obligé de s'en remettre en partie à ses souvenirs et de s'aider parfois des diagnoses du *Bulletin* de l'Académie d'Hippone, de là dans certains cas quelques divergences entre les diagnoses originales et les figures des planches de M. Heinz.

Le premier examen d'une petite série que M. Heinz avait bien voulu m'envoyer me fit exprimer *(Feuille des jeunes naturalistes*, octobre 1889, p. 164) l'opinion que cette faune du Djebel-Ouach, généralement classée sur l'autorité de Coquand et à cause de la présence d'ammonites pyriteuses, au niveau du Valangien delphino-provençal à *Hoplites Roubaudi* et *Belemnites Emerici*, appartenait en réalité au Barrémien. L'étude des séries beaucoup plus complètes qui m'ont été ultérieurement communiquées n'a fait que confirmer cette détermination, au moins dans son ensemble et le présent mémoire en démontrera j'espère l'exactitude.

Au point de vue paléontologique mon but principal était d'étudier avec soin les espèces nommées par Coquand et d'en établir rigoureusement la synonymie ; malgré mes efforts, il en est resté quelques-unes dont je n'ai pu m'occuper, soit qu'elles ne fussent pas représentées dans mes séries, soit que je n'aie pas su les reconnaître ; en revanche, un certain nombre de formes m'ont paru ne pouvoir être rapportées avec certitude à aucun type connu et j'ai dû leur donner un nom malgré ma répugnance à encombrer encore la nomenclature. Je me suis efforcé de le faire avec toute la réserve qu'imposait le mode de conservation de mes matériaux. Toutes les espèces du Djbel Ouach sont en effet à l'état de moules pyriteux généralement assez bien conservés et permettant l'étude des

lobes, mais presque toujours de très petite taille : 2 à 3 cen-
timètres de diamètre en moyenne ; ce n'est que très exceptionnellement que j'ai eu à ma disposition des échantillons
plus développés. On sait combien présente de difficultés
l'étude des jeunes ammonites et de combien de chances
d'erreur sont entachées les assimilations que l'on peut être
amené à faire de ces individus jeunes avec des espèces décrites à l'état de moules calcaires de grande taille, comme
la plupart de celles du Barrémien. Malgré tous mes soins, je
ne puis me flatter de ne m'être pas laissé tromper dans certains cas par des caractères inhérents à l'âge de l'individu
examiné, mais faciles à prendre pour des caractères spécifiques ; je fais donc d'avance toutes mes réserves sur ce point.
Je n'ai pas cru cependant devoir pousser le scrupule jusqu'à
me laisser arrêter par ces difficultés propres à l'étude des
ammonites pyriteuses et à ne pas poursuivre l'étude d'une
faune d'autant plus intéressante que ce mode de conservation permet l'examen des tours internes et même des tours
embryonnaires d'un certain nombre d'espèces qui n'étaient
jusqu'à présent, connues qu'à l'âge adulte.

Dans l'intention d'abréger le plus possible, j'ai réduit la
synonymie au strict nécessaire, un index bibliographique
donnera du reste le titre exact des ouvrages cités en abrégé
dans le texte.

En terminant, qu'il me soit permis d'adresser mes plus vifs
remerciements à tous ceux qui m'ont aidé dans cette étude :
en première ligne à M. Heinz, à qui l'on doit faire honneur
de tout l'intérêt que peut présenter ce travail, puisque seul
il en a recueilli les éléments et que c'est à sa très grande
obligeance que j'en dois la communication ; M. Kilian, professeur à la Faculté des sciences de Grenoble, si connu par ses

beaux travaux sur le Néocomien, a, dans quelques cas difficiles, apporté avec la plus grande amabilité, le secours de son expérience à mes hésitations de débutant; enfin M. Depéret, professeur de géologie à la Faculté des sciences de Lyon, avec une bienveillance dont je ne saurais lui être trop reconnaissant, a bien voulu présenter mon mémoire à la *Société d'Agriculture de Lyon* et en proposer l'impression.

DESCRIPTION

DES

AMMONITIDES DU BARRÉMIEN

DU DJEBEL-OUACH

— PRÈS CONSTANTINE —

GENRE I. — *PHYLLOCERAS* SUESS.

1. **Phylloceras infundibulum** D'ORBIGNY, sp.

1840. *Ammonites infundibulum* d'Orbigny, Paléont. franc. terr. cret., I,
    p. 131, pl. XXXIX, fig. 4-5.
1840. *Ammonites Rouyanus* d'Orbigny, *ibid.*, p. 362, pl. CX, fig. 4-5.
1880. *Ammonites Rouyanus* Coquand, Étude supplém., p. 14.
1880. *Ammonites infundibulum* Coquand, *ibid.*, p. 14.
1880. *Ammonites Baborensis* Coquand, *ibid.*, p. 26.
1886. *Ammonites Baborensis* Heinz, Foss. decr. p. Coquand, pl. I.

La synonymie de cette espèce est assez embrouillée ; d'Orbigny décrivit comme espèces distinctes *A. infundibulum* et
A. Rouyanus, mais plus tard, dans le *Prodrome*, il les réunit.
Cette opinion a souvent été contestée, récemment encore,
M. Kilian (Lure, p. 267) conclut à la séparation des deux espèces : il se base particulièrement sur ce qu'on trouve abon-
damment dans les marnes aptiennes, *Ph. Rouyi* type, et qu'on
ne le rencontre pas dans le Néocomien inférieur ; M. Haug au
contraire admet l'identité des deux espèces (Puezalpe, p. 196).

De mon côté, voici ce que je crois pouvoir ajouter, après
un examen approfondi des nombreux matériaux que j'ai à
ma disposition.

1. On trouve, dans le Néocomien inférieur de la Drôme,

des échantillons pyriteux qui paraissent correspondre assez exactement à *Ph. Rouyi*. Rare dans les marnes à *Hopl. Roubaudi* du Diois, l'espèce devient abondante dans les couches à *Belemnites dilatatus* et *Crioceras Duvali* (Hauterivien inférieur) de la chaîne de Raye.

2. Dans les marnes aptiennes, *Ph. Rouyi* est accompagné d'individus plus développés, qui par leur costulation sont au moins fort voisins de *Ph. infundibulum* type.

3. Tous les échantillons jeunes de *Ph. infundibulum*, que j'ai obtenus en brisant des individus adultes et bien typiques, ne présentent aucune trace de côtes et montrent seulement de fines stries, comme on en voit sur les échantillons bien conservés de *Ph. Rouyi*.

Quant aux individus d'Algérie dont Coquand avait fait son *A. Baborensis*, ils ne représentent absolument qu'un stade un peu plus développé de *Ph. Rouyi*; les lobes sont identiques à ceux de ce dernier, et vers le retour de la spire on aperçoit chez les échantillons bien conservés de fines stries qui devaient couvrir toute la coquille comme dans *Ph. infundibulum* jeune, quelques individus plus âgés montrent sur les flancs des traces de côtes exactement comme dans le stade correspondant de *Ph. infundibulum*.

Les très jeunes individus qui m'ont été envoyés sous le nom de *Ph. Rouyi* sont peut-être un peu plus globuleux que les précédents, il ressemblent alors complètement aux figures de d'Orbigny et de Tietze (Banat, pl. IX, fig. 7). Quant à l'adulte *(Ph. infundibulum)*, je n'en ai qu'un grand fragment calcaire, rappelant beaucoup les formes figurées par M. Uhlig (Wernsdorf, pl. 4, fig. 1).

Djebel-Ouach, commun (Duvivier).

2. **Phylloceras Thetys** D'ORBIGNY, sp.

1840. *Ammonites semistriatus* d'Orbigny, Pal. franc. terr. cret., I pl., p. 135,
 pl. XLI, fig. 3-4.
1840. *Ammonites Thetys* d'Orbigny, *ibid.*, p. 174, pl. LIII, fig. 7-9.

Cette espèce est très commune au Djebel-Ouach : on l'y
trouve en général à l'état de moules aplatis conservant des
traces de stries vers la région siphonale ; un individu plus
grand que les autres (30 millimètres) affecte la forme un
peu plus renflée figurée par M. Neumayr *(Geogr. Verbreit. de
Jur. Formation,* pl. unique, fig. 2) ; les lobes paraissent conformes à la figure de cet auteur *(ibid.,* fig. 2).

Djebel-Ouach, très commun.

3. **Phylloceras** cfr. **Thetys.**

Pl. I, fig. 1, a b.

Echantillon très bien conservé où l'on voit distinctement
les stries égales et bien marquées de la région siphonale se
relier à des faisceaux de très fines costules qui partent de
'ombilic. Les flancs sont aplatis, l'ouverture ovale, largement
échancrée par le retour de la spire.

J'ai constaté l'existence de faisceaux de fines costules sur
plusieurs exemplaires du Barrémien français, généralement
rapportés à *Ph. Thetys,* d'autre part beaucoup d'échantillons
bien conservés de cette espèce n'en montrent aucune trace ;
il y a là une question dont la solution ne peut en aucun cas
être fournie par les matériaux que j'ai sous les yeux en ce
moment.

Djebel-Ouach, rare.

4. **Phylloceras** cfr. **Ernesti** Uhlig.

Pl. I, fig. 2, *a b.*

1883. *Phylloceras Ernesti* Uhlig, Wernsdorf, p. 59, pl. IV, fig. 6.
? 1880. *Ammonites Aspar* Coquand, Étud. suppl., p. 366.
? 1886. *Ammonite Aspar* Heinz, Foss. decr., p. Coquand, pl. 4.

Je rapproche provisoirement de l'espèce d'Uhlig, déjà citée du reste du Barrémien de la montagne de Lure par M. Kilian (Lure, p. 226) une série de Phylloceras de petite taille que leurs sillons coudés et leur forme aplatie, différencient facilement de *Ph. Guellardi* d'Orb., beaucoup plus renflé à diamètre égal et rapprochent un peu de *Ph. Calypso*, mais qu'il est bien difficile de déterminer exactement. Si leurs sillons plus droits et les traces de stries fines qui couvrent souvent la région siphonale permettent de les distinguer facilement de l'espèce valanginienne, on trouve dans les marnes aptiennes du midi de la France une belle espèce de ce groupe dont nos échantillons pourraient n'être que le jeune ; cependant il y a généralement 3-4 sillons seulement dans l'espèce nouvelle de l'aptien et on en compte en général 5-7 dans mes échantillons beaucoup plus petits cependant (le plus grand n'a que 30 millimètres). Par leur forme aplatie et leur lobes, ces échantillons se rapprochent beaucoup de *Ph. Ernesti* Uhlig; cette dernière forme a cependant les sillons plus droits et surtout plus nombreux, aussi n'est-ce qu'avec réserve que je propose cette assimilation.

Quoi qu'il en soit, on trouve des échantillons identiques à ceux d'Algérie soit dans le Barrémien supérieur (Cobonne) soit dans les marnes aptiennes du midi de la France (Gargas Barrème, etc.).

Il est possible que la forme nommée *Am. Aspar* par Coquand et M. Heinz soit une variété de l'espèce, elle aurait en ce cas un nombre de sillons (9-10) plus grand que dans la plupart des échantillons que j'ai sous les yeux, mais l'état de conservation de l'unique échantillon qui m'ait été envoyé est trop mauvais pour me permettre d'être très affirmatif sur ce point.

Djebel-Ouach; assez commun.

5. **Phylloceras Micipsa** Coquand, sp.

1880. *Ammonites Micipsa* Coquand, Étud. suppl., p. 24.
1886. *Ammonites Micipsa* Heinz. Foss. decr., p. Coquand, pl. I.

L'espèce décrite sous ce nom par Coquand et figurée par M. Heinz est une forme de petite taille médiocrement renflée, étroitement ombiliquée, les flancs sont, lorsqu'il existe des traces de test, ornés de fines stries rayonnantes, ils présentent 4-5 constrictions, presque rectilignes, dirigées en avant, larges et assez profondes chez les individus privés de test, l'accroissement est rapide, la première selle latérale est terminée par deux feuilles.

Par ses sillons, cette espèce rappelle certaines formes de l'aptien des Basses-Alpes, mais pour l'établir sérieusement, il faudrait des échantillons plus adultes et mieux conservés que les miens dont aucun n'est assez bon pour être figuré.

Djebel-Ouach. Rare.

GENRE II. — *LYTOCERAS* Suess.

Les espèces du genre *Lytoceras*, si répandu d'ordinaire dans le Néocomien méditerranéen, sont assez mal représentées au Djebel-Ouach, sinon sous le rapport du nombre, au moins sous celui de la conservation des échantillons. On ne trouve le plus souvent que des individus très jeunes, bien difficiles à déterminer dans un genre où les caractères distinctifs de beaucoup d'espèces n'apparaissent qu'à un assez grand diamètre.

Au point de vue de la distribution verticale des espèces, il est à remarquer qu'une seule des quatre qui se trouvent au Djebel-Ouach est franchement barrémienne, c'est le *Lytoceras crebrisulcatum* Uhlig. ; les trois autres ont plutôt un facies aptien.

1. **Lytoceras crebrisulcaltum**, Uhlig.

1872. *Ammonites quadrisulcatus*, Tietze Banat, pl. IX, fig. 12.
1883. *Lytoceras crebrisulcatum* Uhlig, Wernsdorf, p. 67. p. 67, pl. V. f. 8.

Je rapporte à l'espèce du Barrémien de Wernsdorf et de Swinitza, de petits Lytoceras voisins de *Lytoceras quadrisulcatum* d'Orb. *sp.* dont ils diffèrent par leur accroisssement plus rapide, leur paroi ombilicale plus élevée, leurs tours moins nombreux, plus épais, moins arrondis. Ces divers caractères rapprochent beaucoup notre espèce de celle de M. Uhlig, ils sont du reste assez conformes à la figure donnée par Tietze qui est considérée par M. Uhlig comme représentant le jeune de son espèce. A ce diamètre les étranglement sont au nombre de cinq seulement par tour et les lobes paraissent plus voisins de ceux de *Lyt. quadrisulcatum* tels qu'ils sont figurés par M. Zittel (Stramberg, pl. 9, fig. 4) que de la figure d'Uhlig.

Djebel-Ouach; assez commun.

2. **Lytoceras numidum** Coquand, sp.

Pl. 1, fig. 3-4.

1880. *Ammonites numidus* Coquand, Étud. suppl., p. 22.
1886. *Ammonites numidus* Heinz, Foss. decr. pl. I.

DIMENSIONS

Diamètre de l'individu figuré..	0,030 millimètres.	
Hauteur du dernier tour.	0,013	—
Épaisseur — —	0,013	—
Largeur de l'ombilic.	0,010	—

Espèce voisine de *Lytoceras Juilleti* type *(Pal. franc. terr. crét.*, t. I, pl. 50, fig. 1-3) dont elle se distingue par des tours plus épais, un accroissement plus rapide surtout en épaisseur et son ouverture légèrement échancrée par le retour de la spire. Ce dernier caractère la rapproche de *Lytoceras oblique-strangulatum* Kilian (Lure, p. 202), dont l'éloigne son accroisssement plus rapide et surtout l'absence d'étranglements ; elle est par contre très voisine d'une espèce encore inédite des marnes aptiennes des Basses-Alpes.

Djebel-Ouach, assez rare.

3. **Lytoceras Duvali** D'ORBIGNY, sp. var. *Ibrahim* Coquand.

Pl. I, fig. 5-6.

1840. *Ammonites Duvalianus* d'Orbigny, Paléont. franc. terr. cret.; t. I,
  p. 158, pl. L, fig. 3-6. Heinz.
?1880. *Ammonites Ibrahim* Coquand, Etud. suppl., p. 16.
1886. *Ammonites Ibrahim* Heinz, Foss. decr., pl. I.

DIMENSIONS DES INDIVIDUS FIGURÉS

Diamètre.	0,033 millimètres,		0,011 millimètres.	
Hauteur du dernier tour.	0,013	—	0,004	—
Épaisseur — — .	0,016	—	0,006	—
Largeur de l'ombilic. . .	0,013	—	0,005	—

L'étude du bel échantillon figuré (pl. I, fig. 5) me décide à rapporter à titre de variété à l'espèce aptienne la forme figurée par M. Heinz, malgré quelques divergences assez sensibles. Dans la forme algérienne l'ombilic est proportionnellement un peu plus large et surtout plus superficiel, les

2

étranglements sont plus nombreux à diamètre égal et un peu plus droits ; le jeune (pl. I, fig. 6) parait moins épais que dans la forme française et porte des étranglements larges et bien marqués.

Je ne suis pas absolument certain de l'identité du type figuré par M. Heinz et de celui visé par Coquand.

Djebel-Ouach ; assez commun à l'état jeune.

4. **Lytoceras Jauberti** D'ORBIGNY, sp.

Pl. I, fig. 7, *a b c.*

1850. *Ammonites Jaubertianus* d'Orbigny, *Journal de Conchyliologie*, t. I, pl. VIII, fig. 5-6.

Les deux individus de cette espèce que j'ai sous les yeux sont bien conformes à des échantillons de l'aptien des Basses-Alpes et leur détermination peut, je crois, être considérée comme certaine.

Je ferai remarquer à ce propos que, dans les marnes aptiennes de la Drôme et des Basses-Alpes, on trouve avec le *Lyt. Jauberti* type une variété à carène ombilicale un peu émoussée ; par suite la région ventrale est plus arrondie et moins carrée, certaines formes extrêmes ont les tours moins déprimés que le type et tendent alors un peu vers certaines formes du groupe de *Lyt. Juilleti* d'Orb. *sp.*

Mes échantillons d'Algérie sont intermédiaires entre ces deux variations, très voisins du type, ils ont cependant la région siphonale plus arrondie que dans la figure de d'Orbigny.

Le *Lyt. Jauberti* n'a je crois encore été trouvé que dans les marnes aptiennes de la région delphino-provençale (Drôme, Hautes et Basses-Alpes).

Djebel-Ouach ; très rare.

GENRE III. — *MACROSCAPHITES* Meek

Le genre *Macroscaphites* est représenté au Djebel-Ouach par trois espèces dont deux déjà décrites et dont le déroulement a été constaté, quant à la troisième (Macroscaphite *nov. sp.* indéterminée), mes échantillons ne montrent aucun déroulement; j'ai cru cependant devoir par analogie les ranger dans le genre *Macroscaphites*. Il faut bien avouer du reste que, avec des échantillons aussi petits, la distinction des genres *Macroscaphites* et *Costidiscus* est à peu près impossible, elle n'offrirait du reste qu'un médiocre intérêt, la signification stratigraphique des deux genres étant à peu près la même.

1. **Macroscaphites** cfr. **binodosus** Uhlig.

1883. *Macroscaphites binodosus* Uhlig, Wernsdorf, p. 83, pl. IX, fig. 7.

J'ai sous les yeux un enroulement, médiocrement conservé par malheur, qui me paraît appartenir à cette intéressante espèce. La forme générale, la présence de tubercules assez forts vers la moitié externe du dernier tour, le nombre et l'allure des stries intercalées, se rapportent bien au type de Wernsdorf; la seule divergence sérieuse est l'extrème atténuation de la rangée interne de tubercules; tandis que les tubercules externes sont bien développés, ceux de la rangée interne au contraire sont très réduits, les premiers surtout, à tel point qu'ils ne forment plus qu'un léger renflement de la strie et qu'il m'a fallu une certaine attention pour en constater l'existence, même vers le tiers externe du dernier tour où ils sont le mieux marqués.

Les tubercules paraissent manquer sur les tours internes, la région siphonale est élargie et un peu carrée, les côtes la traversent sans s'atténuer ni s'infléchir; l'ombilic est relativement profond, plus en tout cas que dans les autres espèces du genre. Ce que je puis voir des lobes, trop mal conservés pour être décrits, me paraît pleinement justifier l'attribution de cette forme aux Lytocératidés.

Le *Macroscaphites binodosus* a été décrit du Barrémien de Wernsdorf; des formes du même groupe existent dans le Barrémien du Tyrol et de Barrème.

Djebel-Ouach; très rare.

Macroscaphites striatisulcatus D'ORBIGNY, sp.

Pl. I, fig. 8-9.

1840. *Ammonites striatisulcatus* d'Orbigny, Pal. franç. terr. crét. I. p. pl. XLIX, fig. 4-7.
1888. *Macroscaphites striatisulcatus* Kilian, Lure, p. 267.

Une partie de mes échantillons se rapporte très bien aux descriptions et figures de d'Orbigny; la costulation fine et serrée, la forme des tours, celle de l'ombilic, ne peuvent laisser aucun doute sur leur détermination, ils montrent cependant une légère différence avec les individus de Gargas; chez ces derniers, la moitié au moins des côtes est bifurquée, tandis que dans mes échantillons, comme du reste dans le type de la *Paléontologie française*, les côtes bifurquées sont rares.

A côté de cette forme parfaitement typique, il y en a une autre qui, à diamètre égal, est beaucoup plus épaisse, la costulation est plus grossière et les côtes plus écartées, surtout sur le dernier tour; les côtes bifurquées sont encore plus rares que dans la forme précédente. Cependant le facies général restant le même, je n'ose séparer complètement ces individus du *Macrosc. striatisulcatus* et me borne à les considérer comme une variété (var. *afra),* du type de d'Orbigny. Si de nouveaux matériaux venaient ultérieurement à en démontrer la nécessité, il serait du reste facile d'élever cette variété au rang d'espèce.

Djebel-Ouach. Forme type assez rare; var. *afra* plus commune.

Macroscaphites NOV. SPEC,, indéterminée.

Pl. I, fig. 10.

Je figure un enroulement trop petit pour que j'ose lui imposer un nom, mais qui me semble distinct des autres formes de ce groupe. L'ombilic est profond et assez étroit, les tours très épais, l'accroissement rapide; les côtes fines, serrées et peu saillantes, sont dirigées en avant; quelques-unes sont bifurquées; la région siphonale est large et un peu aplatie; l'ouverture un peu déprimée en haut est presque deux fois plus large que haute.

Ces différents caractères et surtout un ombilic relativement étroit rendent cette forme facile à reconnaitre.

GENRE IV. — *PULCHELLIA* Uhlig

Le genre *Pulchellia* a été établi et très bien délimité en 1883 par M. Uhlig (Wernsdorf, p. 122), mais sa place systématique n'est pas encore absolument fixée; M. Uhlig l'a rangé, avec doute il est vrai, dans le voisinage des Hoplites, et cette opinion paraît avoir prévalu jusqu'à présent; mais dernièrement, dans une remarquable communication sur les *Cératites de la craie* (Compte rendu sommaire, séance du 17 mars 1890), M. Douvillé a fait ressortir les affinités des *Pulchellia* avec les formes crétacées rangées autrefois dans le genre *Buchiceras*, et pour lesquelles il propose le genre *Tissotia*.

Ce n'est pas, je l'avoue, sans une vive satisfaction, que j'ai vu émettre par un savant aussi compétent dans l'étude des Ammonitides que M. Douvillé, des idées analogues à celles où m'avaient amené l'étude des *Pulchellia* algériens et que j'avais déjà eu le plaisir de voir partagées par M. Kilian.

Il est du reste certain qu'avec leurs lobes denticulés, leurs selles larges et peu découpées, leurs lobes et selles auxiliaires disposés presque comme dans les Cératites et leurs flancs lisses au moins dans le jeune, certaines espèces d'Algérie, *Pulchellia Sauvageaui*, par exemple, se rapprochent des vrais *Oxynoticeras*. *Pulchellia Sauvageaui* s'écarte, il est vrai, beaucoup des autres espèces du genre par son ornementation toujours peu visible à l'œil nu, même à peu près nulle le plus souvent, et qui n'est pas sans rappeler celle des *Oxynoticeras;* son contour siphonal simplement arrondi et comprimé dans les très jeunes échantillons, au lieu d'être tronqué comme dans les individus plus développés, rapproche encore cette espèce des *Amalthei* (s. l.). De plus, contrairement à ce qui a lieu dans la plupart des *Pulchellia*, les lobes sont très rapprochés et les selles présentent dans cette espèce une courbure dont la concavité regarde l'ombilic, caractère qui se retrouve chez certains *Oxynoticeras (Am. Oxynotus,* par exemple). Mais *Pulchellia Sauvageaui* est intimement relié aux autres espèces du genre par *Pulchellia Changarnieri*, qui avec un jeune lisse comme *Pulchellia Sauvageaui*, présente vers la fin du dernier tour de grosses côtes caractéristiques du genre. Dans *Pulchellia Changarnieri*, les lobes fort éloignés les uns des autres se rapprochent de ceux des *Pulchellia* typiques et notamment de *Pulchellia aff. Karsteni* Uhlig (Wernsdorf, pl. XX, fig. 3). Ces selles ne montrent aucune courbure, mais les lobes et selles auxiliaires ont gardé le caractère de Cératites (1).

Ces deux espèces et *Pulchellia Ouachensis* qui s'y rattache étroitement forment un petit groupe dont font probablement partie les espèces voisines de *Pulchellia pulchella*, et qui est nettement caractérisé par une ligne suturale aux lobes larges et denticulés ; les lobes et selles auxiliaires ressemblant à ceux des Cératites, un accroissement très rapide ne laissant qu'un très petit ombilic et l'absence d'ornementation sur la région ombilicale du jeune. A en juger d'après *Pulchellia Sauvageani* et *Pulchellia Ouachensis*, la région siphonale des tours embryonnaires est arrondie et comprimée à peu près comme dans *Desmoceras strettostoma* Uhlig. Ce sont donc des espèces qui ont gardé des caractères amalthéiformes très prononcés, au moins dans le jeune.

Par contre, les espèces qui se rattachent aux *Pulchellia subcaicedi* et *provincialis* sont nettement caractérisées par une ornementation vigoureuse, visible dès les tours embryonnaires, un accroissement en général moins rapide, des sutures le plus souvent très éloignées les unes des autres et remarquables par le grand développement en largeur des selles et l'amoindrissement des lobes très étroits et peu découpés. Ce

(1) Chez quelques *Pulchellia*, le premier lobe latéral n'est pas symétrique et présente la particularité d'être d'une façon plus ou moins nette, terminé par des parties paires sur un flanc et impaires sur l'autre. Le lobe siphonal des *Pulchellia* étant médian ou à peu près, cette asymétrie dans la structure et le développement mais non dans la position du premier lobe latéral ne peut, il me semble, pas être comparée à l'asymétrie causée dans les lobes de *Am. heteropleurum* Neumayr et Uhlig pour le changement de position du siphon. J'ai observé cette asymétrie dans quatre espèces : *P. Changarnieri* et *P. Ouachensis* dans le premier groupe, *P. Coronatoïdes* et *P. Danremonti* dans le second ; elle arrive à son maximum dans *P. Changarnieri* et *P. Coronatoïdes* et montre que, dans l'étude des *Pulchellia*, il ne faut pas attacher beaucoup d'importance à la terminaison paire ou impaire des lobes, ce caractère pouvant varier d'un flanc à l'autre de l'individu examiné.

groupe est fortement spécifié et il serait difficile sans son intime liaison avec le précédent de reconnaître ses véritables affinités, d'autant plus que quelques formes, *Pulchellia hoplitiformis*, par exemple, montrent des caractères hoplitiformes assez prononcés.

En résumé, je serais disposé à considérer les *Pulchellia* comme un rameau voisin des *Oxynoticeras*, rameau dont les formes les plus aberrantes ont des caractères extérieurs de Hoplites, mais se laissent facilement ramener au type par l'examen de leur ligne suturale.

Il est intéressant de voir le brusque épanouissement du genre *Pulchellia*, apparaissant fortement caractérisé dans le Barrémien sans que pour le moment on puisse le rattacher à aucune des formes du Néocomien inférieur. C'est probablement hors d'Europe comme l'a déjà dit M. Uhlig qu'il faudra chercher les ancêtres immédiats des *Pulchellia*. En Europe le genre est confiné dans le Barrémien, il n'a pas encore été trouvé plus haut; d'après les recherches de M. Kilian et les miennes, il serait caractéristique de la partie inférieure de l'étage (niveau de Combe-Petite).

Le genre *Pulchellia* est représenté au Djebel-Ouach par onze espèces, proportion très forte, qui ne se retrouve que dans le Barrémien de Colombie. Par compensation, il est vrai, chacune de ces espèces, *Pulchellia Sauvageaui* et *Pulchellia Ouachensis* exceptés, n'est représentée que par un très petit nombre d'échantillons. Cette variété de formes du genre *Pulchellia* est un des caractères les plus saillants de la faune barrémienne d'Algérie.

Considérées au point de vue de leurs affinités spécifiques, ces onze espèces peuvent se grouper de la façon suivante :

I. Groupe de *P. Sauvageaui* et *P. Pulchella*.

1. *Pulchellia Sauvageaui* Hermite, sp.

2. *Pulchellia Changarnieri* Sayn.
3. *Pulchellia Ouachensis* Coquand, sp.

II. Groupe de *P. provincialis* et *P. subcaicedi* (1).

4. *Pulchellia* sp. ind.
5. *Pulchellia Heinzi* Coquand, sp.
6. *Pulchellia Danremonti* Sayn.
7. *Pulchellia hoplitiformis* Sayn.
8. *Pulchellia subcaicedi* Sayn.
9. *Pulchellia coronatoïdes* Sayn.
10. *Pulchellia provincialis* d'Orbigny, sp.
11. *Pulchellia* cfr. *Caicedi* Karsten, sp.

1. **Pulchellia Sauvageaui** HERMITE, sp.

Pl. 1, fig. 11-12.

1879. *Ammonites Sauvageani* Hermite, Géol. des Baléares, p. 315, pl. IV, fig. 4-5.
1880. *Ammonites Dutrugei* Coquand, Étud. suppl., p. 17.
1886. *Ammonites Dutrugei* Heinz, Foss. decr., pl. I.

DIMENSIONS

Diamètre.	0,021	millimètres.
Hauteur du dernier tour.	0,012	—
Épaisseur — —	0,006	—
Largeur de l'ombilic.	0,002	—

Coquille discoïdale, comprimée, très aplatie, flancs très légèrement convexes, ornés seulement de costules peu saillantes qui partent de l'ombilic et décrivent un sinus en avant sur les flancs; elles ne sont nettement visibles que sur les échantillons jeunes et très bien conservés. Région siphonale tronquée et légèrement excavée, ce qui la fait paraître comme bicarénée. Ombilic très petit, non caréné à son pourtour.

(1) Ce second groupe très distinct du premier, tant par les lobes que par la forme du jeune et celle de la région siphonale, devra probablement être érigé en sous-genre; dans ce cas je proposerai pour lui le nom de *Heinzia*, la dénomination de *Pulchellia* (s. s.) me paraissant devoir être réservée aux formes du groupe de *Pulch. pulchella*.

Ouverture très comprimée, en forme de fer de lance, tronquée en haut et très échancrée en bas par le retour de la spire. Accroissement des tours très rapide.

Lobes très rapprochés, au nombre de quatre de chaque côté. Le lobe siphonal, très court et divisé en deux branches, est *généralement* placé au milieu de la région siphonale, parfois il est légèrement dévié, mais jamais d'une façon importante ; la selle siphonale très large est divisée en deux parties par un lobule accessoire, elle présente une courbure dont le côté concave est tourné vers l'ombilic ; le premier lobe latéral, large et assez profond, est denticulé et paraît divisé en parties paires ; la selle latérale est denticulée, le deuxième lobe latéral petit et peu découpé, les lobes et selles petits et presque entiers.

Cette espèce subit avec l'âge des modifications importantes ; les tours embryonnaires sont arrondis et très renflés ; au stade suivant la coquille s'aplatit et le contour siphonal est aminci et arrondi comme dans *Desmoceras strettostoma* Uhlig, puis il présente un méplat et finit par se creuser légèrement. L'ornementation nettement visible chez les individus jeunes et bien conservés, est très obsolète et ne tarde pas à disparaître presque entièrement.

Les lobes de cette espèce rappellent un peu ceux de *Am. oxynotus* Quenstedt, jeune, dont *Pulchellia Sauvageaui* a quelque peu l'ornementation. Cette forme lisse et à lobes très rapprochés est certainement peu normale pour une *Pulchellia*, mais ses rapports avec les espèces suivantes sont trop évidents pour pouvoir la classer dans un genre différent ; il est du reste possible que, ainsi que cela a lieu dans l'espèce suivante, elle prenne une ornementation plus accusée à un âge plus avancé. On peut en somme la considérer comme un *Pulchellia* ayant gardé à un degré élevé des caractères ancestraux.

L'attribution de la forme algérienne nommée par Coquand
Am. Dufrugei au type d'Hermite, paraît à peu près certaine,
bien qu'il m'ait été malheureusement impossible de comparer
directement la forme d'Algérie avec celles des Baléares. La
seule différence qu'on remarque entre mes échantillons et
les figures et descriptions d'Hermite est l'atténuation de l'ornementation chez les échantillons algériens d'un diamètre
correspondant à celui de l'individu qu'il a figuré.

Djebel-Ouach; commun. Coquand le cite aussi de Duvivier.

2. Pulchellia Changarnieri NOV. SP.

Pl. I, fig. 13, *a b c D.*

DIMENSIONS

Diamètre.	0,023	millimètres.
Hauteur du dernier tour.	0,014	—
Épaisseur — —	0,007	—
Largeur de l'ombilic..	0,003	—

Coquille discoïdale, très comprimée, composée de tours
légèrement convexes, le maximum d'épaisseur étant au bord
de l'ombilic, s'accroissant très rapidement, invisibles dans
l'ombilic; région siphonale un peu comprimée, tronquée et
légèrement excavée comme dans l'espèce précédente. Flancs
entièrement lisses jusque vers le milieu du dernier tour,
ornés ensuite de côtes falciformes, larges, peu saillantes,
séparées par des intervalles moindres qu'elles-mêmes; ces
côtes partent du milieu des flancs et traversent la région
siphonale qu'elles font paraître comme dentelée. Le pourtour de l'ombilic et toute la moitié interne des flancs sont
lisses. L'ombilic est très petit, à bords arrondis. L'ouverture
est très comprimée, en forme de fer de lance, tronquée en
en haut et largement échancrée en bas par le retour de la
spire.

Lobes assez éloignés les uns des autres et peu découpés : le siphonal, très court, divisé en pointes, ne paraît pas rigoureusement placé sur la ligne médiane; la selle siphonale, très large, arrondie et peu découpée, est légèrement bilobée; le premier lobe latéral assez long, moins large que la selle siphonale; présente sur l'échantillon type la particularité singulière d'être nettement pair sur un des flancs et presque impair sur l'autre. Je ferai remarquer à ce propos que les variations de peu d'importance de la forme des lobes sont fréquentes dans les espèces de ce groupe, soit d'un individu à l'autre, soit parfois sur le même; la première selle latérale est large, arrondie et peu denticulée; le deuxième lobe latéral très petit, à peine découpé, les lobes et selles auxiliaires très petits, arrondis et à bord presque entiers; d'une façon générale les selles sont plus larges que les lobes.

Cette espèce, assez voisine de *Pulchellia pulchella* d'Orb. *var. compressissima*, s'en distingue facilement par ses lobes plus nombreux et ressemblant à ceux de *Pulchellia aff. Karsteni* Uhlig (*Wernsdorf*, pl. XX, p. 3), par ses côtes simples et falciformes, et surtout par ses flancs entièrement lisses à un diamètre où tous les *Pulchellia pulchella* que j'ai examinés montrent des côtes vers la région siphonale. Ce stade lisse persiste plus ou moins longtemps suivant les individus; sur le type les côtes n'apparaissent que vers le milieu du dernier tour; dans un autre échantillon plus petit (20 millimètres) elles se montrent plus tôt et couvrent les deux tiers du dernier tour. Pendant ce stade lisse, l'espèce ressemble beaucoup à *Pulchellia Sauvageaui*, mais ses lobes moins larges, de forme un peu différente et surtout beaucoup plus écartés, pourront servir à la distinguer assez facilement.

Djebel-Ouach; deux échantillons.

3. **Pulchellia Ouachensis** Coquand, sp.

Pl. I, fig. 11-13.

1888. *Ammonites Ouachensis* Coquand, Étud. suppl., p. 22.
1886. *Ammonites Ouachensis* Heinz, Foss. decr., p. Coquand, pl. I.

Coquille discoïdale comprimée, formée de tours très embrassants; visibles dans l'ombilic sur une très petite partie de
leur largeur; ornée autour de la région siphonale de côtes
dirigées en avant, assez larges, nombreuses, aplaties et séparées par des intervalles moindres qu'elles-mêmes. Ces côtes
ne sont bien marquées que sur le pourtour siphonal, elles
donnent naissance à de fines costules un peu flexueuses, à
peine visibles sur les flancs et qui viennent se souder autour
de l'ombilic à des renflements tuberculiformes qui ne sont
nettement visibles que sur la seconde moitié du dernier tour;
il y a un de ces tubercules pour cinq à six côtes externes. Les
flancs sont aplatis, le maximum d'épaisseur se trouve vers
leur milieu; l'ombilic est petit, la région siphonale, un peu
comprimée, présente une bande lisse dominée de chaque
côté par l'extrémité des côtes; l'ouverture est subtriangulaire, tronquée en haut par le méplat siphonal, un peu échancrée en bas par le retour de la spire.

Lobes un peu plus découpés que dans les formes précédentes. Le siphonal court, divisé en deux par une selle accessoire arrondie; selle siphonale assez étroite, nettement bilobée; premier lobe latéral très large, de forme arrondie, denticulé à l'extrémité, il parait pair, mais les branches qui le
terminent sont inégalement développées et la terminaison
paire est moins nette que dans *P. Sauvageaui;* selle latérale
étroite; deuxième lobe latéral peu développé; lobes et selles
accessoires, au nombre de deux de chaque côté, très petits,

arrondis et peu découpés. Les lobes sont assez rapprochés les uns des autres.

Les variations de cette espèce sont assez importantes ; dans les jeunes individus, l'ornementation est généralement moins accentuée ; les tubercules ombilicaux disparaissent et la terminaison paire du premier lobe latéral est plus nette. A un plus grand diamètre, les seules variations de quelque intérêt portent sur l'épaisseur, sur la costulation qui est plus ou moins serrée suivant les individus, sur l'écartement des lobes et même leur forme qui varie un peu d'un échantillon à l'autre. Dans les formes de ce groupe, les lobes paraissent du reste varier plus que dans d'autres groupes ; parfois même le premier latéral d'une même suture varie un peu de forme d'un flanc à l'autre. La selle latérale présente une courbure assez prononcée.

Dans un échantillon qui m'a obligeamment été communiqué par M. Kilian et que je rapporte avec quelque doute à l'espèce à titre de forme extrême, l'ombilic est plus étroit, les tubercules ombilicaux manquent, les côtes sont simplement atténuées sur la région siphonale, les costules des flancs bien marquées ; par suite de rétrécissement de l'ombilic il y a un ou deux lobules auxiliaires de plus ; en outre, les lobes sont beaucoup plus écartés que dans le type et sont nettement pairs.

Par sa forme aplatie, son ornementation très effacée sur les flancs et ses lobes, cette espèce se distingue facilement de ses congénères ; elle ressemble un peu à *Pulchellia pulchella Karsten*, non d'Orbigny *(Geol. Verhalm*, pl. II, fig. 9), mais la forme des tours est bien différente. L'ornementation de *Pulchellia ouachensis* rapproche cette espèce des formes typiques du genre, mais ses lobes et surtout la forme du premier latéral me la fait ranger dans le groupe de *P. Sauvageaui*. Aucun de mes échantillons n'atteint les dimensions indiquées par Coquand (29 millimètres). Voici du reste celles des deux échantillons figurés :

DIMENSIONS

	(1)	(2)
Diamètre.	0,016 millimètres.	0,014 millimètres.
Hauteur du dernier tour.	0,008	0,008
Épaisseur — — .	0,005 1/2 —	0,004 —
Largeur de l'ombilic. .	0,003 —	0,001 1/2 —

Djebel-Ouach ; assez commun.

4. **Pulchellia** SP. IND.

1886. *Ammonites Gildon* Heinz, Foss. decr. p. Coquand, p. 3, *non A. Gildon* Coquand, Etud. suppl., p. 308, 1880.

M. Heinz a figuré sous ce nom une forme très éloignée de celle visée par la diagnose de Coquand et appartenant au genre *Pulchellia;* c'est une petite espèce, écrasée et peu déterminable, mais remarquable par sa costulation fine, serrée et régulière. Les côtes, simples et flexueuses, sont nettement interrompues sur le dos, ce qui, d'après Coquand, n'a pas lieu dans *Am. Gildon*.

Les lobes, très éloignés les uns des autres, ressemblent un peu à ceux de l'espèce suivante, mais le premier latéral est plus large et moins profond.

5. **Pulchellia Heinzi** COQUAND *in* HEINZ, sp.

Pl. II. fig. 5, *a b c.*

1880. *Ammonites Heinzi* Coquand, Etud. suppl. p. 18.
1886. *Ammonites Heinzi* Heinz, Foss. decr. p. Coquand, pl. I.

DIMENSIONS DE L'ÉCHANTILLON (fig.   ).

Diamètre.	0,013 millimètres.
Largeur du dernier tour. . . .	0,005 —
Épaisseur — — . . .	0,004 —
Largeur de l'ombilic..	0,002 —

Je ne sais pas au juste ce que Coquand a nommé *Ammonites Heinzi*, la plupart des échantillons qui m'ont été adressés sous ce nom appartiennent à *Pulchellia provincialis*, mais dans ses planches M. Heinz a donné une excellente figure d'une petite espèce qui ne concorde peut-être pas exactement avec la diagnose de Coquand, mais qui en est à coup sûr très voisine ; il me parait donc possible, bien que cela ne soit peut-être pas absolument régulier, de conserver à l'espèce figurée le nom de *Pulchellia Heinzi*.

Cette petite forme du groupe de *Pulchellia Sellei* Kilian, se distingue des espèces voisines par un enroulement rapide, des côtes presque droites, fortes, espacées, saillantes, iné-gales, simples sur presque tout le dernier tour et terminées à la région siphonale par un tubercule assez fort et non cana-liculé. Les flancs sont comprimés, l'ombilic très petit, la région siphonale creusée d'un sillon large et assez profond.

Les lobes peu découpés sont fort éloignés les uns des autres, les selles sont beaucoup plus larges que les lobes. Lobe siphonal court, divisé en deux et placé au milieu de la région siphonale ; la selle siphonale est très développée en largeur et bilobée ; le premier lobe latéral, étroit et assez profond, est terminé par deux pointes ; selle latérale large et peu découpée ; deuxième lobe latéral très réduit ; lobe auxi-liaire placé sur la paroi ombilicale.

Djebel-Ouach. Un échantillon.

6. **Pulchellia coronatoides** NOV. SP.

Pl. I, fig. 1-2.

DIMENSIONS DES ÉCHANTILLONS FIGURÉS

Diamètre.	0,017 millimètres.		0,015 millimètres.
Hauteur du dernier tour.	0,006	—	0,005 1/2 —
Épaisseur — — .	0,007	—	0,006 1/2 —
Largeur de l'ombilic.. .	0,007	—	0,005 —

Coquille orbiculaire, peu comprimée, assez épaisse, largement ombiliquée, les tours étant visibles dans l'ombilic sur un tiers environ de leur largeur. Les flancs, médiocrement arrondis, sont ornés autour de l'ombilic de 16-20 côtes saillantes, épaisses, falciformes, séparées par des intervalles beaucoup plus larges qu'elles-mêmes; de ces côtes, les unes restent simples, les autres se bifurquent à une hauteur variable et alternent avec les autres d'une façon assez irrégulière; vers la fin du dernier tour les côtes simples sont les plus nombreuses; un échantillon un peu plus grand que le type montre même qu'à partir du diamètre de 12 millimètres il n'y a plus de côtes bifurquées. Dans le jeune, au contraire, il règne autour de l'ombilic une rangée de tubercules volumineux d'où partent les côtes, simples quelquefois, mais le plus souvent par deux; ce stade coronatiforme qui rappelle celui des *Sonninia* est encore nettement visible vers le retour de la spire du type; dans un autre échantillon plus petit, plus étroitement ombiliqué et à tours plus arrondis, il persiste un peu plus longtemps. Toutes les côtes se terminent au bord de la région siphonale sans former de tubercules ni s'épaissir sensiblement. Région siphonale lisse, creusée d'un sillon assez étroit, mais relativement profond; ouverture quadrangulaire à peu près aussi haute que large, les flancs étant presque plats.

Lobes trop mal conservés pour être décrits en détail; ils paraissent très rapprochés et présentent le singulier caractère que j'ai déjà signalé d'avoir le premier lobe latéral très inégalement développé sur les deux flancs (1).

(1) Un échantillon mal conservé qui m'a été ultérieurement communiqué me permet de donner quelques détails sur cette ligne suturale intéressante dont le dessinateur n'a malheureusement reproduit que la moitié : le siphon est médian, le lobe siphonal est assez long et terminé par deux pointes, ces lobes sont très rapprochés, le corps des selles et des lobes sont larges et peu découpés; la selle siphonale est large et bilobée, le premier lobe latéral est asymétrique, sur l'un des flancs (celui dont les lobes sont reproduits pl. II, fig. 2, c) il est large et nettement trifide, sur l'autre il est étroit et terminé par deux branches.

Cette espèce ne peut être confondue avec aucune autre ; son ornementation très particulière et son large ombilic la feront toujours facilement reconnaître.

Djebel-Ouach ; rare.

7. Pulchellia hoplitiformis NOV. SP.

Pl. II, fig. 4.

DIMENSIONS

Diamètre.	0,018	millimètres.
Hauteur du dernier tour. . . .	0,008	—
Épaisseur — —	0,007	—
Largeur de l'ombilic..	0,004	—

Coquille comprimée, tours plus hauts que larges, s'enroulant rapidement, médiocrement arrondis, visibles dans l'ombilic sur un tiers environ de leur largeur. Flancs ornés de côtes nombreuses, trente environ vers la région siphonale du dernier tour, relativement fines et serrées, peu saillantes et presque droites, quelques-unes sont simples, mais la plupart se bifurquent vers le tiers interne des flancs ; on remarque aussi quelques côtes intercalées n'atteignant pas l'ombilic ; toutes ces côtes sont légèrement tronquées en arrivant au bord de la région siphonale ; celle-ci présente une bande lisse assez large, dominée par l'extrémité des côtes. Ombilic assez étroit, paroi ombilicale arrondie ; ouverture un peu plus haute que large, ovale, tronquée en haut, échancrée en bas par le retour de la spire.

Les lobes, peu découpés, sont assez rapprochés les uns des autres ; le siphonal est très petit, divisé en deux pointes ; la selle siphonale est très large et bilobée ; le premier lobe latéral est petit et grossièrement trifide, la première selle latérale est large et peu découpée, les lobes et selles suivants arrondis et entiers ; il y a deux auxiliaires presque microscopiques, l'un sur le bord de l'ombilic, l'autre vers la suture.

Ses côtes fines et serrées, son enroulement rapide et sa faible épaisseur, distinguent cette espèce de toutes celles décrites jusqu'à ce jour ; elle a par contre de grands rapports avec une forme encore inédite du barrémien de Rougon. Sa costulation lui donne un peu l'aspect de certains hoplites.

Djebel-Ouach ; un seul échantillon.

8. **Pulchellia Danremonti** NOV. SP.

Pl. II, fig. 3.

DIMENSIONS DE L'ÉCHANTILLON FIGURÉ

Diamètre.	0,013 1/2 millimètres.	
Hauteur du dernier tour.	0,006	—
Épaisseur — —	0,006	—
Largeur de l'ombilic.	0,004	—

Espèce très voisine de la précédente par sa forme générale et son ornementation ; on l'en distinguera par son enroulement moins rapide, les tours restant visibles dans l'ombilic sur la moitié environ de leur largeur, ses flancs plus arrondis, ses côtes plus fortes, plus saillantes, plus espacées, à peu près toutes bifurquées. Lobes plus larges et surtout beaucoup plus écartés que dans *Pulchellia Ouachensis* ; premier lobe latéral assez nettement divisé en deux branches, au moins sur l'un des flancs, beaucoup moins distinctement sur l'autre.

Djebel-Ouach ; très rare.

9. **Pulchellia subcaicedi** NOV. SP.

Pl. II, fig. 6.

DIMENSIONS DE L'ÉCHANTILLON FIGURÉ

Diamètre.	0,013 millimètres.	
Hauteur du dernier tour.	0,006	—
Épaisseur — —	0,007	—
Largeur de l'ombilic.	0,003	—

J'inscris sous ce nom une petite espèce très voisine de *Pulchellia Caicedi* Karsten *(Geol. Verhält.*, pl. III, fig. 2), dont elle a la forme générale et l'ornementation ; celle-ci consiste comme dans *Pulchellia Caicedi* en grosses côtes espacées dont la plupart sont bifurquées vers le milieu des flancs ; toutes portent à la hauteur du point de bifurcation une nodosité plus accentuée sur les côtes bifurquées que sur celles qui ne le sont pas; ces côtes sont ensuite atténuées vers le tiers externe des flancs et se terminent au bord de la région siphonale par un renflement en forme de tubercule tronqué, dont l'extrémité, simplement obtuse, ne montre pas de canaliculation.

L'interruption siphonale est assez large, l'ouverture presque carrée, les flancs un peu aplatis, l'ombilic relativement large.

Les lobes, très espacés, sont très peu découpés ; je serais même assez porté à croire qu'ils n'ont pas encore tous leurs caractères sur l'échantillon que j'ai sous les yeux. Le siphonal est assez long, la selle siphonale très large et peu découpée est bilobée, le premier lobe latéral, extrèmement réduit, n'a qu'une seule pointe, le deuxième lobe latéral et l'auxiliaire sont si petits, qu'ils pourraient être regardés comme de simples dentelures de la selle latérale.

Notre espèce est voisine de *Pulchellia Caicedi* Karsten sp. *(Geol. Verhält.*, pl. III, f. 2) et de *Pulchellia Lindigi* Karsten sp. *(loc. cit.*, pl. III, f. 3). Elle se distingue de *Pulchellia Caicedi* par son ombilic plus large, laissant voir les tours internes sur près de la moitié de leur largeur et par ses côtes atténuées sur le milieu des flancs, côtes dont l'extrémité siphonale en forme de tubercule ne montre pas la canaliculation caractéristique des espèces voisines de *Pulchellia provincialis;* ce dernier caractère la distingue aussi de *Pulchellia Lindigi* dont la costulation est du reste plus serrée.

Djebel-Ouach; très rare.

L'ornementation de cette espèce est déjà nettement accusée sur des échantillons de 0,010 millimètres.

10. **Pulchellia** cfr. **P. Caicedi** KARSTEN sp.

1856. *Ammonites Caicedi* Karsten, Geogr. Verhält. d. West. Columbien, p.107, pl. III, fig. 2.

Un petit échantillon, assez mal conservé malheureusement, paraît se rapporter assez exactement à l'espèce de Colombie. La forme générale, l'ensemble de l'ornementation, la largeur de l'ombilic, sont identiques à celles du type de Karsten; les tubercules siphonaux montrent bien la canaliculation caractéristique des espèces de ce groupe, seulement je remarque quelques côtes simples dès le milieu des flancs, tandis qu'elles n'apparaissent que vers l'ouverture dans la figure de Karsten; en outre les tubercules des flancs sont beaucoup plus accentués sur les côtes bifurquées que sur les autres et l'épaisseur beaucoup moins forte dans l'échantillon d'Algérie, la différence étant du reste trop grande pour pouvoir être uniquement attribuée à la légère compression subie par mon échantillon.

Les lobes, mal conservés, paraissent peu découpés et très espacés.

Djebel-Ouach; un seul échantillon.

Pulchellia provincialis D'ORBIGNY.

Pl. I, fig. 16 et pl. II, fig. 7.

1850. *Ammonites provincialis* d'Orbigny, Prodrome, et 17, n° 598.
1882. *Pulchellia provincialis* Uhlig, Wernsdorf, pl. XX, f. 2.

Le joli échantillon figuré planche I appartient, je crois, d'une façon à peu près certaine à l'espèce brièvement décrite par d'Orbigny dans le *Prodrome* et figurée par M. Uhlig; il montre très nettement ce curieux dédoublement de l'extrémité tuberculeuse des côtes qui donne à la région siphonale un aspect bicaréné et rend le tubercule comme canaliculé, caractère qui du reste se retrouve dans plusieurs espèces de ce groupe.

Mon échantillon est moins développé que celui figuré par M. Uhlig; il présente un plus grand nombre de côtes bifurquées et l'ombilic parait un peu plus petit. Dans les très jeunes échantillons, comme celui figuré planche II, figure 7, l'ornementation des flancs est un peu moins accusée et les côtes un peu plus flexueuses. Je ne trouve pas que l'analogie entre les jeunes de *Pulchellia provincialis* et *Hoplites Boissieri* soit aussi grande que le dit Neumayr *(Ammoniten der Kreide,* p. 948).

Pulchellia Lindigi Karsten est certainement très voisin de *Pulchellia provincialis*, mais ses côtes tuberculeuses et son ombilic plus étroit permettent de l'en distinguer facilement.

Djebel-Ouach ; assez rare.

GENRE V. — *DESMOCERAS* Zittel.

Le genre *Desmoceras* est représenté au Djebel-Ouach par huit espèces qui peuvent, au point de vue de leurs affinités spécifiques, être groupées de la façon suivante :

1. Groupe de *Desmoceras difficile*.

Desmoceras difficile d'Orbigny, sp.
Desmoceras Strettostoma Uhlig, sp.

II. Groupe de *Desmoceras Emerici*.

Desmoceras Seguenzæ Coquand, sp.
Desmoceras Nabdalsa Coquand, sp.
Desmoceras cfr. *Nabdalsa*.

III. Groupe de *Desmoceras Matheroni*.

Desmoceras Angladei nov. sp.

IV. Groupe de *Desmoceras latidorsatum*.

Desmoceras Getulinum Coquand, sp.

V. Groupe de *Desmoceras? Annibal*.

Desmoceras Cirtense nov. sp.

Il est intéressant de trouver à côté des espèces nettement barrémiennes du groupe de *Desmoceras difficile* autant de formes à facies aptien comme les espèces des groupes de *Desmoceras Emerici* et de *Desmoceras Matheroni*. Le fait n'est du reste pas isolé; à Swinitza et même dans la montagne de Lure, on trouve des formes aptiennes, *Desmoceras Melchioris*, Tietze *sp.*, par exemple, associées à *Desmoceras strettostoma*, *Silesites Seranonis* et autres formes barrémiennes.

Desmoceras getulinum que l'on pourrait presque considérer comme le prototype de *Desmoceras latidorsatum*, est une espèce fort intéressante, elle montre que les formes de ce groupe ont une origine assez ancienne puisqu'elles existent, très caractérisées déjà, dans le Barrémien.

Quant à *Desmoceras? cirtense, nov. sp.*, il représente certainement au Djebel-Ouach le *Desmoceras Annibal* Coquand, *sp.* du Néocomien, probablement barrémien de l'Oued Choniour. Il forme avec ce dernier un petit groupe nettement distinct des autres *Desmoceras* par ses cloisons fort singulières et qui ne sont pas sans analogie avec celles des tours embryonnaires de certains *Phylloceras*. Les affinités réelles de ce groupe ne me paraissent pas encore suffisamment établies, mais il est répandu dans le Barrémien supérieur ; *Desmoceras Annibal* est cité de Swinitza et j'ai recueilli au même niveau, à Cobonne (Drôme), des fragments d'une espèce au moins fort voisine.

1. **Desmoceras difficile** D'ORBIGNY, sp.

Pl. II, fig. 8, a b.

1840. *Ammonites difficilis* d'Orbigny, Pal. franc. terr. cret., I, p. 135, pl. XLI.
1880. *Ammonites difficilis* Coquand, Étud. suppl. paléont.. algér p. 14.
?1880. *Ammonites Monicæ* Coquand, *ibid.*, p. 21, *non Am. Monicæ* Heinz,
     Foss. decr., pl. I.

Mes échantillons sont de petite taille, mais nettement caractérisés ; la plupart sont ornés de sillons entre lesquels on voit de fines costules, comme dans les échantillons figurés par Uhlig (Wernsdorf, pl. XVII, f. 1-2) ; d'autres, plus rares, montrent des côtes saillantes comme dans la figure de d'Orbigny. Ainsi que le dit très bien M. Kilian, ces deux sortes d'ornementation se remplacent souvent dans la même espèce, et je crois devoir réunir à *Desmoceras difficile* l'*Ammonites Monicæ Coquand* qui, d'après cet auteur, n'en différerait que par l'existence de sillons au lieu de côtes.

Desmoceras difficile est une des espèces les plus répandues et les plus caractéristiques du Barrémien méditerranéen. Il n'en a jusqu'à présent été figuré que de grands échantillons, ce qui me décide à en faire dessiner un du Djebel-Ouach, afin de montrer le peu de changement apporté par l'âge à son ornementation.

Les lobes de *Desmoceras difficile* ressemblent beaucoup à ceux de *Desmoceras strettostoma*, tels qu'ils sont figurés par

Uhlig (Wernsdorf, pl. XVII, fig. 4); ils sont cependant un peu moins finement découpés dans *Desmoceras difficile*. Je ne crois donc pas ces deux espèces aussi éloignées que le dit M. Uhlig.

Djebel-Ouach; assez commun. Coquand le cite du Djebel Nador.

2. **Desmoceras strettostoma** UHLIG, sp.

Pl. II, fig. 9, *a b*.

1872. *Ammonites bicurvatus* Tietze, B mat, pl. IX, f. 5, p. 137.
1883. *Haploceras strettostoma* Uhlig, Wernsdorf, p. 101, pl. XVII, fig. 3-4-8-15.

Mes échantillons se rapportent très bien aux figures et descriptions de MM. Tietze et Uhlig, mais bien peu ont conservé des traces de l'ornementation du test, les lobes sont conformes aux figures données. J'ai sous les yeux un échantillon de 40 millimètres; à ce diamètre la forme de l'espèce n'est que très peu modifiée, l'aspect général reste le même, les flancs sont un peu moins aplatis, l'épaisseur est un peu plus forte et la région siphonale moins amincie, l'ombilic paraît proportionnellement un peu plus large; il est à remarquer qu'à ce diamètre l'espèce ne montre aucune trace de sillons.

Comme l'a très bien fait remarquer M. Kilian (1), *Desmoceras strettostoma* paraît assez voisin de *Desmoceras Nisus* d'Orbigny *sp.*, qui s'en distingue du reste aisément par son pourtour tranchant. Quant à l'assimilation de *Desmoceras strettostoma* avec *Ammonites Columbianus* d'Orbigny, proposée par M. Kilian, je ne crois pas devoir l'accepter, le bord de l'ombilic étant arrondi dans *Ammonites Columbianus*, d'après le texte et la figure de d'Orbigny (Colombie, pl. II,

____

(1) Lure, p. 229.

fig. 12-14), tandis qu'il est caréné dans *Desmoceras strettostoma*. Je crois qu'il faut au moins provisoirement restreindre
cette espèce aux types figurés par Tietze et Uhlig ; la seule
espèce qui puisse alors être confondue avec elle est *Desmoceras difficile* ; elle s'en distingue *à diamètre égal* par son
épaisseur beaucoup moins forte, son ombilic plus étroit, ses
flancs plus comprimés, ce qui donne à l'ouverture une forme
plus triangulaire, enfin par l'absence de sillons ; mais pour
juger des rapports réels des deux espèces il faudrait con
naitre l'âge adulte de *Desmoceras strettostoma*.

Desmoceras strettostoma est répandu dans tout le Barrémien méditerranéen ; on l'a citée d'Espagne et d'Autriche, et
je l'ai recueillie en France à Cobonne.

Djebel-Ouach ; assez commun. Duvivier.

3. **Desmoceras Seguenzæ** Coquand, sp.

Pl. II, fig. 10. *a b.*

1880. *Ammonites Seguenzæ* Coquand, Étud. suppl. p. 23.
1886. *Ammonites Seguenzæ* Heinz, Foss. decr., p. Coquand, pl. I.

Cette espèce a été bien décrite par Coquand à l'état jeune,
le seul qu'il connût ; à ce stade, c'est une coquille entièrement lisse, comprimée, l'accroissement est rapide, les flancs
légèrement convexes, et le maximum d'épaisseur se trouve
au pourtour de l'ombilic ; celui-ci est étroit et assez profond ;
la paroi ombilicale est élevée et abrupte, mais non distinctement carénée comme le dit Coquand ; la région siphonale est
arrondie, mais comprimée et amincie, l'ouverture beaucoup
plus haute que large est subtriangulaire, profondément échancrée en bas par le retour de la spire. M. Heinz m'a communiqué des individus plus développés, qui à partir du diamètre
de 25 millimètres sont ornés d'étranglements peu profonds,

presque. droits et dirigés en avant ; j'en compte trois sur un échantillon de 33 millimètres, mais le premier est peu marqué. A en juger d'après mes matériaux, le nombre des étranglements et le diamètre auquel ils apparaissent varient suivant les individus : tantôt ils sont bien marqués au diamètre de 30 millimètres, tantôt la coquille reste plus longtemps lisse.

Les lobes, au nombre de cinq de chaque côté, appartiennent au même type que ceux de l'*Ammonites impressus* d'Orbigny *(Paléont. franç., terr. crét.,* I, pl. LII, f. 3), seulement le lobe siphonal est moins développé et ne dépasse guère dans notre espèce la moitié de la longueur du premier latéral. Cette différence doit en partie tenir à l'âge, car dans les petits *Ammonites impressus* que j'ai eu l'occasion d'examiner le lobe siphonal était sensiblement moins développé que dans la figure de d'Orbigny.

Cette espèce est très voisine d'*Ammonites impressus* d'Orbigny, dont les jeunes pourront être parfois confondus avec elle ; quant aux adultes, l'absence de sillon spiral et la présence d'étranglements rendent toute confusion impossible. La forme des tours et celle de l'ombilic sont les mêmes dans les deux espèces qui sont incontestablement très voisines, et des recherches ultérieures conduiront probablement à classer *Ammonites impressus* dans le genre *Desmoceras.*

DIMENSIONS

Diamètre.	0,131 millimètres.	0,227 millimètres.
Hauteur du dernier tour.	0,015 —	0,014 —
Epaisseur — — .	0,011 —	0,009 —
Largeur de l'ombilic. .	0,007 —	0,005 —

Djebel Ouach ; commun Duvivier.

4. **Desmoceras Nabdalsa** Coquand, sp.

Pl. II, fig. 11. *a b c.*

1880. *Ammonites Nabdalsa* Coquand, Etud. suppl., p. 367.
1886. *Ammonites Nabdalsa* Heinz, Foss. decr., p. Coquand, pl. I.
1886. *Ammonites Monicæ* Heinz, *ibid., non Ammonites Monicæ* Coquand,
   Etud. suppl., p. 21.

DIMENSIONS DE L'ÉCHANTILLON FIGURÉ

Diamètre.	0,019 millimètres.
Hauteur du dernier tour. . . .	0,008 —
Epaisseur — —	0,006 1/2 —
Largeur de l'ombilic.	0,005 —

Cette espèce a été très bien décrite par Coquand et
M. Heinz en a donné de bonnes figures. C'est un petit *Desmoceras* aplati, orné de sillons presque droits, dirigés en
avant, au nombre de quatre à cinq, suivant l'âge et les individus; ces sillons traversent la région siphonale en décrivant
un léger sinus en avant. L'enroulement est rapide, l'ombilic
petit, les flancs médiocrement convexes, l'ouverture ovale,
un peu plus haute que large. Les lobes ressemblent beaucoup à ceux de *Desmoceras Emerici.*

Les principales variations de cette forme portent sur les
sillons plus ou moins accentués suivant les échantillons, et
dont le nombre tombe à quatre et même à trois dans certaines formes extrêmes, et cela indépendamment de l'âge,
le plus grand échantillon que j'aie sous les yeux (25 millimètres) n'a que trois sillons vers la fin du dernier tour, ceux
des tours internes, cependant bien marqués d'ordinaire,
paraissent s'être effacés. Chez certains individus, l'ombilic
s'élargit un peu, les tours deviennent plus épais, plus arrondis et l'ensemble de la coquille est moins comprimé.

Voisine de *Desmoceras Emerici* d'Orbigny et *Desmoceras*

Melchioris Tietze, cette espèce s'en distinguera facilement par sa forme très aplatie, sa région siphonale comprimée, son ombilic étroit et ses sillons plus droits.

Djebel-Ouach ; assez commun.

Desmoceras aff. Nabdalsa.
Pl. II, fig. 12.

Je fais figurer un *Desmoceras* qui se distingue nettement de l'espèce précédente par ses tours moins hauts, plus arrondis, son enroulement moins rapide, son ombilic beaucoup plus large, ses sillons plus nombreux, à diamètre égal, et sa forme générale moins comprimée. Reliée à *Desmoceras Nabdalsa* par les formes à ombilic élargi de ce dernier, elle en est, je crois, distincte et forme comme un passage à *Desmoceras Emerici*. De cette dernière espèce, elle se distingue par les lobes, la première selle latérale étant plus haute que la siphonale et par ses étranglements visibles sur les tours internes du jeune, ce qui n'a pas lieu dans *Desmoceras Emerici*, tel du moins qu'il est figuré par Raspail, car la figure de d'Orbigny montre des étranglements sur les tours internes.

Djebel-Ouach ; rare.

Desmoceras Angladei NOV. SP.
Pl. II, fig. 13, *a b c*.

DIMENSIONS

Diamètre. . . . . 0,020 millimètres.	
Hauteur du dernier tour. . . 0,009 —	
Epaisseur — — . . . . 0,010 —	
Largeur de l'ombilic. . . . . 0,007 —	

Coquille discoïdale, arrondie à son pourtour, composée de tours assez convexes, s'accroissant rapidement, visibles dans l'ombilic sur la moitié environ de leur largeur ; ils sont ornés sur les flancs d'étranglements un peu flexueux, accompagnés de chaque côté d'une costule saillante dont la plus forte est l'antérieure ; entre ces étranglements on voit sur les individus bien conservés de fines stries assez nombreuses, parallèles aux étranglements, bien marquées vers la région siphonale et s'évanouissant vers le milieu des flancs ; stries et étranglements traversant la région siphonale en décrivant un sinus en avant bien marqué ; étranglements au nombre de cinq à huit sur le dernier tour. Ouverture plus large que haute, arrondie en haut, échancrée en bas par le retour de la spire.

Lobes très voisins de ceux de *Desmoceras Belus* d'Orbigny (*Pal. franç.*, I, pl. LII, f. 6).

Cette espèce appartient au groupe de *Desmoceras Belus* d'Orbigny et *Desmoceras Matheroni* d'Orbigny. Elle se distingue du premier par ses tours arrondis et beaucoup plus épais, son ouverture plus large que haute, etc.; le sinus en avant que les étranglements décrivent sur la région siphonale éloigne notre espèce de *Desmoceras Matheroni* dont l'ornementation est du reste plus accusée. Il existe dans les marnes aptiennes des Basses-Alpes une espèce encore inédite qui est au moins fort voisine de *Desmoceras Angladei*, si même elle ne doit pas lui être réunie.

Djebel-Ouach ; assez commun.

Desmoceras getulinum Coquand, sp. (1)

1880. *Ammonites getulinus* Coquand, Etud. suppl. pal. Alger, p. 18.
? 1880. *Ammonites cicer* Coquand, Etud. suppl., p. 17, *non* Dittmar.
?   . *Ammonites Oxyntas* Coquand, *ibid.* p. 272, *non* Am. *Oxyntas* Heinz,
         Foss. decr., pl. I.
1886. *Ammonites getulinus* Heinz, Foss. decr., p. Coquand, pl. I.

---

(1) Par suite d'un oubli fâcheux cette espèce n'a pas été figurée sur les planches du présent mémoire, j'en donnerai la figure aussitôt que possible *(Note ajoutée pendant l'impression.)*

DIMENSIONS

Diamètre.	0,018 millimètres.
Hauteur du dernier tour. . . .	0,008 —
Epaisseur — —	0,013 —
Largeur de l'ombilic.	0,005 —

Coquille globuleuse, très renflée, formée de tours très embrassants, visibles dans l'ombilic sur une très petite partie de leur largeur, ornés de sillons assez profonds, presque droits dans le jeune âge, un peu flexueux plus tard, au nombre de quatre à six suivant l'âge et les individus, entre lesquels on distingue de fines stries sur les échantillons très bien conservés.

Ombilic assez étroit, profond et infundibuliforme; paroi ombilicale élevée et abrupte. Région siphonale largement arrondie. Ouverture semi-lunaire, beaucoup plus large que haute.

Lobes trop peu distincts pour être décrits en détail; ils paraissent voisins de ceux de *Desmoceras latidorsatum*, mais avec le corps des lobes plus large.

Cette espèce présente quelques variations dans son épaisseur et dans la largeur de l'ombilic. L'échantillon figuré par M. Heinz notamment s'écarte de la forme que je considère comme typique par sa forme plus aplatie, ses tours plus hauts, son ouverture moins déprimée, ses sillons plus flexueux. Les individus très jeunes n'ont que quatre sillons, ce qui les rapproche de la diagnose donnée par Coquand pour son *Ammonites oxyntas* = *A. cicer*.

Desmoceras getulinum type est voisin de *Desmoceras latidorsatum* Michelin *sp.*, dont il se distingue par sa forme plus renflée, la région siphonale étant reliée directement au pourtour de l'ombilic comme dans *Lytoc. Jauberti*, sans que les flancs soient indiqués par un méplat, et par ses sillons beaucoup plus droits, au nombre de cinq à six au plus par tour.

Ammonites Jugurtha Coquand (*Mém. Soc. géol. franç.*, 2ᵉ série, t. V, p. 142, pl. I, f. 11-12), est incontestablement très voisin de notre espèce que j'ai songé à y réunir, cependant en l'absence de matériaux permettant la comparaison directe, j'ai cru devoir y renoncer à cause de certaines différences dans l'accroissement et dans la largeur de l'ombilic, mais surtout parce que Coquand n'établit entre elles aucune comparaison, ce qu'il n'eût pas manqué de faire, il me semble, si les rapports entre les deux espèces avaient été aussi intimes qu'on le croirait à l'inspection de la figure.

Djebel-Ouach ; rare.

Desmoceras ? cirtense NOV. SP.

Pl. II, fig. 14, *a b c.*

DIMENSIONS

Diamètre.	0,018 millimètres.	
Hauteur du dernier tour. . . .	0,007	—
Épaisseur — —	0,006	—
Largeur de l'ombilic..	0,007	—

Coquille discoïdale, très comprimée, composée de tours entièrement lisses, aplatis sur les flancs, croissant assez lentement, visibles dans l'ombilic sur la plus grande partie de leur largeur ; le dernier présente vers le tiers interne deux légères constrictions (1), il devait en outre en exister une troisième dont on voit quelques traces un peu au-dessus de l'ouverture. L'ombilic est large et superficiel, la région siphonale arrondie, l'ouverture ovale, plus haute que large, un peu échancrée en bas par le retour de la spire.

Les lobes sont larges et peu découpés, les selles relativement allongées sont étroites, arrondies au pourtour et à

(1) Ces constrictions n'ont pas été rendues par le dessinateur et la figure n'en porte aucune trace de plus le deuxième lobe latéral a été figuré arrondi et non trifide comme il l'est en réalité.

peine dentelées, à peu près comme dans les Cératites de la craie. Il y a trois lobes de chaque côté; le lobe siphonal, moins large que le premier latéral, est divisé en deux par une selle accessoire, la selle siphonale est moins longue que la selle latérale; le lobe latéral supérieur est large et terminé par trois pointes; la selle latérale est plus grêle et plus allongée que la siphonale, le deuxième lobe latéral plus petit que le premier latéral est également trifide; la deuxième selle latérale est découpée par un très petit lobe auxiliaire, divisé lui-même en deux par une selle accessoire.

Par sa forme générale et ses lobes, notre espèce se rapproche beaucoup de *Desmoceras Annibal* Coquand *(Mém. Soc. géol.*, 2ᵉ série, t. V, pl. III, fig. 5-7), du Néocomien supérieur (probablement Barrémien) de l'Oued-Cheniour, dont elle n'est probablement qu'une variété; elle s'en distingue cependant par ses étranglements moins nombreux et moins marqués, son enroulement plus rapide et surtout quelques différences dans les cloisons; le deuxième latéral est trifide dans *Desmoceras cirtense*, au lieu d'être terminé par deux pointes mousses comme dans l'espèce de Coquand et l'auxiliaire est relativement beaucoup moins long.

Quoi qu'il en soit, ces deux formes font partie d'un petit groupe très naturel, bien caractérisé par ses cloisons et dont la classification parmi les *Desmoceras* ne me parait pas absolument certaine; les lobes, très remarquables, rappellent un peu, quant à l'aspect général, ceux des tours embryonnaires de certains *Phylloceras (Cfr. Neumayr Phylloceraten*, pl. XVII, fig. 12) et s'écartent beaucoup de ceux des autres *Desmoceras*.

Djebel-Ouach; un seul échantillon.

4

GENRE VI. — *SILESITES* Uhlig.

1. **Silesites Seranonis** d'Orbigny, sp.

Pl. II, fig. 15, *a b.*

1840. *Ammonites Seranonis* d'Orbigny, Pal. franc. terr. cret., I, p.
pl. CIX, fig. 4-5.
1880. *Ammonites interpositus* Coquand, Etud. suppl. paléont. algér., p. 19.
1886. *Ammonites interpositus* Heinz, Foss. decr. p. Coquand, pl. I.
1888. *Silesites Seranonis* Kilian, Bull. soc. géol, 3e série, t. XVI, pl. XVIII.

Je crois pouvoir rapporter à *Silesites Seranonis* les échantillons décrits par Coquand sous le nom d'*Ammonites interpositus*. Les quelques divergences que je remarque sur certains échantillons, costulation un peu plus fine, tours plus
épais et plus arrondis, me paraissent pouvoir être mises sur
le compte des différences d'âge, de mode de fossilisation, et
ne dépasser en aucun cas les limites de la variété. Les lobes
notamment sont bien conformes aux figures d'Uhlig; la région
siphonale est lisse comme dans les échantillons de Swinitza
figurés par Tietze sous le nom d'*Ammonites Trajani* (Banat,
pl. IX, fig. 1).

Un échantillon de petite taille qui m'a obligeamment été
communiqué par M. Kilian me parait se rapprocher par sa
costulation plus grossière et ses étranglements plus nombreux de la figure de Tietze (Banat, pl. IX, fig. 2) que M. Uhlig
considérait comme pouvant appartenir à une espèce distincte.

Mes échantillons sont du reste assez variables ; quelques-uns affectent la forme aplatie du type, pendant que
d'autres, comme celui figuré par M. Heinz, montrent des

tours plus étroits et plus arrondis ; tous portent trois à quatre étranglements assez profonds.

Djebel-Ouach ; assez commun.

2. **Silesites** sp., indéterminée (aff. **Sil. Seranonis**).

PI. II, fig. 16, *a b.*

1880. *Ammonites impare-costatus* Coquand, Etud. suppl., p. 371.
1886. *Ammonites impare-costatus* Heinz, Foss. decr., pl. I.
1886. *Ammonites Oxyntas* Heinz, *ibid.*, *non* Coquand.

On trouve en grand nombre au Djebel-Ouach des *Silesites* dont la forme et les lobes se rapportent bien à *Silesites Sera - nonis*, mais qui sont entièrement lisses, quelques-uns même à un diamètre où cette espèce est nettement costulée, car pour les tours embryonnaires leur ornementation, ainsi que j'ai pu m'en assurer est presque nulle; d'autre part, comme M. Uhlig l'a fait remarquer, l'ornementation de *Silesites Sera- nonis* est très fragile et de plus très superficielle, comme on peut le voir sur les individus où elle n'est conservée qu'en partie. Je suis donc porté à croire que ces échantillons ne sont, au moins en partie, que des *Silesites Seranonis* décor- tiqués. Dans le cas où de nouveaux matériaux engageraient à considérer l'espèce comme distincte et nouvelle, elle devrait reprendre le nom de *Silesites impare-costatus* Coquand *sp.*

Grâce à la bonne conservation de ces échantillons, j'ai pu dégager les tours embryonnaires ; au diamètre de 0,004 mil- limètres, la coquille est globuleuse, arrondie, étroitement ombiliquée, la région siphonale est très largement arrondie, l'aspect est presque celui d'un *Nautile* microscopique; on remarque déjà une constriction.

Djebel Ouach; commun.

Silesites cfr. **vulpes** Coquand, sp.

1878. *Ammonites vulpes* Coquand *in* Matheron, Rech. pal., pl. C. 20, fig. 1.
1883. *Silesites vulpes* Uhlig Wernsdorf, p. 111, pl. XVIII, f. 8-9 13 et
pl. XIX, fig. 1.

≛. Quelques rares échantillons, assez mal conservés et de petite taille, me paraissent devoir être rapportés à cette espèce à cause de leur forme aplatie et de leur ornementation.

Djebel-Ouach; rare.

GENRE VII. — *HOLCODISCUS* Uhlig.

Le genre *Holcodiscus*, très bien représenté au Djebel-Ouach, ne s'y rencontre malheureusement qu'en échantillon de très petite taille; comme l'a très bien dit M. Kilian, les tours internes des *Holcodiscus* sont très difficiles à distinguer dans les espèces voisines, aussi ai-je été forcé d'user de beaucoup de réserve et de comprendre plus largement que dans d'autres groupes les limites de l'espèce. Bien que j'aie laissé de côté beaucoup d'échantillons insuffisamment caractérisés, je n'ose me flatter d'avoir toujours délimité exactement les formes que j'ai cru devoir distinguer, des paléontologistes en possession d'échantillons plus adultes de ces espèces pourront peut-être suppléer à ce que mon travail a forcément d'insuffisant.

Les espèces du Djebel-Ouach peuvent, au point de vue de la forme extérieure, se répartir assez naturellement en quatre groupes.

I. Groupe de *Holcodiscus Gastaldii* d'Orbigny sp.

Holcodiscus Gastaldii d'Orbigny sp.
Holcodiscus diverse-costatus Coquand sp.
Holcodiscus Geronimæ Hermite sp.
Holcodiscus algirus nov. sp.

II. Groupe de *Holcodiscus Morleti* Kilian

Holcodiscus Menglonensis nov. sp.
Holcodiscus astieriformis nov. sp.

III. Groupe de *Holcodiscus Sophonisba* Coquand.

Holcodiscus Sophonisba Coquand sp.
? *Holcodiscus* aff. *Sophonisba*.
Holcodiscus nov. sp. ind.

IV. Groupe de *Holcodiscus* Van den Heckei

Holcodiscus sp. ind. (aff. *druentiacus* Kilian).

Les espèces des deux premiers groupes sont intimement reliées entre elles, toutes ont des tours embryonnaires arrondis sur la région siphonale et des lobes très découpés, toutes sont à l'état jeune de véritables *Holcostephanus* qui pourraient bien être apparentés de près aux types à lobes finement découpés du Néocomien, *Holcostephanus Astieri* et *Holcost. multiplicatus* par exemple. Au stade suivant, les tubercules siphonaux apparaissent, la région ventrale devient tronquée et présente un méplat, il y a là une véritable convergence de caractères vers le genre *Hoplites*, convergence qui arrive à son maximum dans *Holcodiscus algirus* où les côtes sont à peu près interrompues sur la région ventrale et ont l'allure de celles des *Hoplites*, mais par la forme du jeune nettement arrondi sur la région siphonale, cette espèce se rattache intimement au reste du groupe.

Les espèces voisines de *Holcodiscus Sophonisba* ont une forme plus renflée, des lobes moins découpés, des selles plus grêles, ils pourraient bien se rattacher au point de vue génétique au groupe de *Holcostephanus stephanophorus* Matheron et *Holcostephanus Bachelardi* Sayn (1).

Ces observations ne peuvent du reste avoir rien d'absolu et leur seul but est d'indiquer les rapports qu'on peut constater entre quelques formes de *Holcodiscus* et certains *Holcostephanus* avec lesquels elles pourraient bien être apparentées d'une façon plus ou moins directe. Malgré de curieux phénomènes de convergence, aucune des formes algériennes que j'ai examinées n'indique de relations réelles avec les *Hoplites* autres que celles qui peuvent exister entre des genres descendant vraisemblablement tous deux des *Perisphinctes*. Les tours embryonnaires et les très jeunes individus m'ont toujours montré des caractères d'*Holcostephanus* et ce n'est guère qu'au stade suivant qu'il se développe parfois des caractères hoplitoïdes. Quant à l'interruption ou à l'atténuation ventrale des côtes chez le jeune que j'ai pu souvent constater, sa valeur me semble bien relative, maintenant surtout que M. Nikitin a montré *(Vestiges période crétacée,* p. 183) que, chez les *Holcostephanus* du Volgien, des formes très voisines les unes des autres avaient les unes les côtes interrompues, les autres les côtes entières sur la région siphonale.

En l'état actuel de nos connaissances, on peut, il me semble, considérer *Holcodiscus* comme un genre très voisin de *Holcostephanus* dont il dérive probablement en partie au moins, mais qui accomplit son évolution dans le même sens que les *Hoplites*, ce qui rend plus difficile l'étude de ses véritables affinités.

---

1 Quant à *Holc.* aff. *druentiacus*, il se rattache directement au groupe plus ancien de *Holc. incertus*, groupe que l'on pourrait peut-être rattacher aux *Holcostephanus lithoniques* voisins. de *Holc. pronus*, avec lesquels il paraît avoir quelques rapports au point de vue de l'ornementation.

Au point de vue stratigraphique le plus grand développement du genre *Holcodiscus* et notamment des groupes de *Holc. Gastaldii* et *Holc. Perezi* a lieu dans le Barrémien inférieur (cfr. Kilian, Lure, p. 218). Le genre *Holcostephanus* paraît au contraire manquer ou être fort rare à ce niveau au moins dans la région méditerranéenne.

1. **Holcodiscus Gastaldii** D'ORBIGNY, sp.

Pl. III, fig. 3, *a b*.

1850. *Ammonites Gastaldinus* d'Orbigny, Prodrome, étage 17, n° 601.
1883. *Holcodiscus Gastaldinus* Uhlig, Wernsdorf, p. 121, pl. XIX, fig. 10.
1888. *Holcodiscus Gastaldii* Kilian, Bull. soc. géol., 3e série, t. XVI, p. 691, pl. XIX, fig. 3.

Mes deux échantillons se rapprochent un peu des formes de passage entre *Holc. Caillaudi* et *Holc. Gastaldii* figurés par Uhlig (Wernsdorf, pl. XIX, f. 10). L'ornementation fine et touffue est fort irrégulière, les côtes sont un peu flexueuses et les tubercules siphonaux ne sont pas toujours symétriques, de sorte que souvent une côte tuberculée d'un côté de la ligne siphonale ne l'est pas de l'autre, quelques côtes même se terminent brusquement au milieu de la ligne siphonale, ces irrégularités et notamment le peu de symétrie des tubercules se retrouvent du reste dans plusieurs autres espèces du même groupe.

M. Kilian qui a bien voulu examiner mes échantillons regarde leur détermination comme certaine.

Holcodiscus Gastaldii est une des espèces les plus caractéristiques du Barrémien inférieur.

Djebel-Ouach; très rare.

2. **Holcodiscus diverse-costatus** COQUAND sp.

Pl. III, fig. 1, *a d*, et 2, *a b*.

1880. *Ammonites diverse-costatus* Coquand, Etud. suppl. pal. algér., p. 19.
1886. *Ammonites diverse costatus* Heinz, Foss. decr. p. Coquand, pl. I.

DIMENSIONS

Diamètre.	0,019 millimètres.
Hauteur du dernier tour. . . .	0,011 —
Epaisseur — —	0,009 —
Largeur de l'ombilic..	0,004 —

Coquille assez comprimée, formée de tours croissant rapidement, visibles dans l'ombilic sur 1/3 environ de leur largeur.

Flancs aplatis, ornés de nombreuses côtes fines, peu saillantes, un peu flexueuses et très serrées qui partent simples de l'ombilic et se multiplient par bifurcation à une hauteur variable, mais au dessus du tiers interne des flancs ; vers le bord de la région siphonale les unes se soudent deux par deux à un petit tubercule peu saillant, les autres restent simples. La région siphonale présente un méplat assez accusé, toutes les côtes la traversent en s'atténuant un peu et en décrivant un sinus en avant peu accusé, les deux rangées de tubercules siphonaux ne sont pas rigoureusement symétriques, les tubercules sont au nombre de 18-20 de chaque côté sur l'échantillon figuré.

Ombilic étroit, assez profond; paroi ombilicale élevée et abrupte, mais arrondie.

Ouverture subquadrangulaire, un peu plus haute que large, échancrée en bas par le retour de la spire, tronquée en haut par le méplat siphonal.

Lobes très découpés, lobe siphonal un peu moins long que le premier latéral, divisé en deux branches par une selle accessoire; selle siphonale très allongée, finement découpée; premier lobe latéral très développé divisé en trois branches, la selle latérale et le deuxième lobe latéral tout en étant moins développés ont la même forme.

La description ci-dessus s'applique aux échantillons les plus développés que j'aie sous les yeux; dans le jeune âge, il n'y a point de tubercules, la région siphonale est largement

arrondie et les côtes, du reste peu accentuées, la traversent
en s'atténuant un peu. Ce stade est encore visible vers le
retour de la spire de l'échantillon figuré, les tubercules ainsi
que le méplat siphonal ne se voient que sur les deux tiers du
dernier tour.

L'échantillon figuré provient du Djebel-Ouach, il appartient
d'après Coquand *(Étud. suppl.,* p. 20) non au type même,
mais à une variété à côtes plus fines et plus serrées. Le type
se trouverait à Duvivier d'où M. Kilian m'a en effet communiqué un échantillon bien conforme à la diagnose de Coquand,
il parait y être accompagné d'une variété à côtes ombilicales
plus fortes et un peu tuberculeuses au point de bifurcation.
Le type ne présente pour ainsi dire pas de côtes non tuberculées tandis qu'il y en a très régulièrement une ou deux
entre chaque tubercule dans la forme du Djebel-Ouach.

Holcodiscus diverse-costatus appartient au groupe de *Holc.
Gastaldii,* il se distingue facilement de cette espèce par sa
costulation beaucoup plus fine et plus serrée, et ses flancs
aplatis. La seule forme avec laquelle on pourrait parfois la
confondre est *Hoplites Henoni* dont la forme générale et la
costulation présentent la même allure et les mêmes modifications avec l'âge, il y a là une analogie assez curieuse, mais
qui me parait due plutôt à une convergence de caractères
qu'à une parenté réelle. Quoi qu'il en soit, les tubercules de
Hoplites Henoni apparaissent généralement beaucoup plus
tôt, ce qui avec l'interruption siphonale des côtes très nette
dans le jeune, permettra de distinguer facilement les deux
espèces.

Djebel-Ouach; assez commun; Duvivier.

3. **Holcodiscus Geronimæ** Hermite, sp.

Pl. III, fig. 4-5.

1879. *Ammonites Geronimæ* Hermite, Baléares, p. 315, pl. V, fig. 6-7.
1880. *Ammonites metamorphicus* Coquand, Etud. suppl. pal. algér. p. 20.
1886. *Ammonites metamorphicus* Heinz, Foss. décr. p. Coquand, pl. I.

DIMENSIONS DES ÉCHANTILLONS FIGURÉS

	Forme type.		Forme *metamorphicus* Coquand.	
Diamètre.	0,014 millimètres.		0,014 1/2 millimètres.	
Hauteur du dernier tour. .	0,007	—	0,007	—
Epaisseur — — .	0,009	—	0,008 1/2	—
Largeur de l'ombilic. . .	0,003	—	0,003	—

Coquille composée de tours arrondis, croissant rapidement, visibles dans l'ombilic sur un peu plus du tiers de leur largeur.

Flancs convexes, ornés autour de l'ombilic de 15-17 côtes simples, espacées, dirigées un peu en avant jusque vers le tiers interne des flancs où la majeure partie (les 2/3 environ) donne naissance à un tubercule épineux, le reste se bifurque simplement et alterne avec les autres d'une façon assez régulière au moins vers la fin du dernier tour. Les tubercules de la série ombilicale donnent naissance chacun à un faisceau de 3-4 côtes dont quelques-unes traversent directement la région siphonale tandis que le plus grand nombre va se souder à la série de tubercules fortement épineux placée vers le bord de la région siphonale, de sorte que les tubercules des deux séries ombilicale et siphonale sont reliés par une sorte de ganse il en est de même des deux séries siphonales à travers la région ventrale. Quant aux côtes non tuberculées après leur bifurcation, elles traversent directement la région siphonale où concourent à former les tubercules précités vers le bord de celle-ci.

Les tubercules ombilicaux et siphonaux ne se correspondent pas exactement et alternent d'une façon assez irrégulière.

La région siphonale est tronquée et présente un méplat assez large entre les deux rangées de tubercules, les côtes la traversent sans s'atténuer ni s'infléchir.

L'ouverture est plus large que haute sa forme est subhexagonale.

L'ombilic est médiocre, la paroi ombilicale élevée et abrupte, mais arrondie.

Lobes finement découpés, ressemblant beaucoup à ceux de l'espèce précédente.

Cette forme remarquable débute par des tours arrondis, lisses sur la région siphonale, ornés autour de l'ombilic d'une rangée de petits tubercules ; au diamètre de 6, 7 millimètres, on voit se détacher des tubercules ombilicaux des côtes assez fines qui traversent la région siphonale en s'atténuant légèrement ; vers 10, 12 millimètres apparaissent les tubercules siphonaux et la région ventrale commence à présenter un méplat.

Comme l'indiquait le nom donné par Coquand, *Hole. Geronimæ* varie dans des limites très étendues. On peut distinguer deux formes principales : l'une, regardée par Coquand comme le type de son *Ammonites metamorphicus*, n'a pas de tubercules ombilicaux, l'ensemble de la costulation est alors plus régulier ; cette variété est reliée par une série de passage aux formes les plus épineuses et les plus irrégulièrement costulées qui se rattachent plus directement au type d'Hermite.

L'assimilation des échantillons algériens avec ce dernier me paraît au moins très probable ; n'ayant pu comparer directement mes échantillons avec ceux des Baléares, je n'oserais la donner comme absolument certaine. A en juger d'après la description et les figures, l'espèce de Minorque paraît plus régulièrement costulée, plus renflée et surtout plus étroitement ombiliquée ; la ressemblance des deux formes est pourtant assez grande pour m'engager à considérer ces divergences comme de peu de valeur, surtout dans une espèce aussi variable. La forme *metamorphicus type* est beaucoup plus éloignée de l'espèce d'Hermite, mais comme je l'ai déjà dit, elle est trop intimement reliée aux échantillons typiques pour l'en séparer.

Holcodiscus Geronimæ se rattache à l'espèce précédente dont il a les lobes et à laquelle le relient les échantillons de *Holcodiscus diverse-costatus* à côtes ombilicales, tuberculées, dont j'ai déjà parlé.

Djebel-Ouach; assez commun, Duvivier.

Holcodiscus algirus NOV. SP.

Pl. III, fig. 6.

DIMENSIONS

Diamètre.	0,015 millimètres
Hauteur du dernier tour. . . .	0,006 —
Epaisseur — —	0,008 —
Largeur de l'ombilic. . . .	0,004 1/2 —

Espèce du groupe de *Holcodiscus Geronimæ* dont elle a la forme et les tours un peu hexagonaux, comme dans *Holcodiscus Geronimæ* l'ornementation se compose de côtes ombilicales dont quelques-unes (un tiers à peine) donnent naissance à un petit tubercule; mais ces côtes sont plus nombreuses, plus fines, plus serrées que dans *Holcodiscus Geronimæ*; de chacune d'elles partent, à la hauteur des tubercules, deux ou trois côtes fines, dirigées en arrière par rapport aux côtes ombilicales et se terminant au bord de la région siphonale par un renflement tuberculiforme peu saillant.

Région siphonale tronquée et présentant un méplat sur lequel les côtes simplement atténuées forment souvent une gance entre les deux rangées de tubercules siphonaux. Ombilic relativement large et profond, ouverture plus large que haute, de forme nettement hexagonale.

Tours internes arrondis et présentant une légère atténuation des côtes sur la région siphonale. Le développement de la coquille suit les mêmes phases que chez *Holcodiscus Geronimæ*.

Les lobes construits sur le même plan que ceux de ce dernier sont moins découpés.

Holcodiscus algirus se distingue facilement des autres espèces du genre par sa costulation fine et touffue et l'atténuation très nette des côtes sur la bande siphonale; mais plusieurs de ces caractères le rapprochent de certains Hoplites, *Hoplites Henoni* entre autres, dont la région siphonale montre une disposition des côtes presque identique. Il y a notamment au Djebel-Ouach un petit *Hoplites* dont je n'ai malheureusement sous les yeux qu'un mauvais échantillon, qui montre sur le jeune des caractères de *Hoplites* très nets, mais dont les côtes paraissent simplement atténuées sur la bande siphonale, à la fin du dernier tour; par sa forme générale et sa costulation, cette espèce ressemble un peu à *Holcodiscus algirus*, mais la forme des tours internes de ce dernier, nettement arrondis sur la région siphonale ainsi que la forme des lobes, le classent d'une façon à peu près certaine dans le genre *Holcodiscus* dont il serait une espèce *hoplitiforme* (1).

Djebel-Ouach; un seul échantillon.

Holcodiscus menglonensis.

Pl. III, fig. 40.

DIMENSIONS

Diamètre.	0,017 millimètres.	
Hauteur du dernier tour. . . .	0,010	—
Épaisseur — —	0,011	—
Largeur de l'ombilic..	0,004	—

(1) J'insisterai sur ce fait que l'atténuation des côtes sur la bande siphonale à peine indiquée sur les tours internes atteint son maximum vers la fin du dernier tour.

Coquille subglobuleuse, assez renflée, ornée autour de l'ombilic de nombreuses petites côtes fines, simples, dirigées en avant sur la paroi ombilicale et donnant naissance un peu au-dessus du bord de l'ombilic, à des faisceaux de deux à cinq côtes très fines, peu flexueuses, qui traversent sans s'infléchir ni s'atténuer la région siphonale ; celle-ci est largement arrondie, l'ouverture dans les échantillons non déformés paraît arrondie, un peu ovale, l'ombilic étroit laisse voir les tours internes sur un quart environ de leur largeur.

Holcodiscus menglonensis paraît assez variable ; l'allure, le nombre et l'accentuation des côtes, l'épaisseur et par suite la forme de l'ouverture varient dans une assez large mesure. Comme dans beaucoup d'*Holcodiscus*, les jeunes se confondent facilement avec ceux des espèces voisines et il est parfois impossible de les en séparer.

Fort voisine assurément de *Holcodiscus Morleti* Kilian, notre espèce s'en distingue par sa costulation beaucoup plus fine, plus serrée, moins saillante. Ainsi que j'ai pu m'en convaincre par l'examen d'un excellent moulage qui m'a obligeamment été donné par M. Kilian, l'allure des côtes de *Holcodiscus Morleti* est à peu près la même que dans notre espèce, mais les côtes simples sont en majorité dans la forme d'Escragnolles et les autres simplement bifurquées ; on ne remarque pas cette tendance à se former en faisceaux qui est si nette dans l'espèce algérienne.

Holcodiscus Menglonensis se retrouve dans les couches coralligènes à orbitolines et polypiers de Menglon, près Châtillon-en-Diois, où nous l'avons signalé sous le nom de *Holcodiscus nov. sp. aff. Holc. Morleti* Kilian (*Archives Sciences naturelles*, Genève, 1883, p. 459). Dans cette station, il est associé à *Holcodiscus Caillaudi, Holc. Gastaldii* et autres espèces que je compte figurer prochainement.

Holcodiscus menglonensis est fréquemment déformé. Il

figurait dans la plupart des collections algériennes sous la désignation de *Holcostephanus Jeannoti* d'Orbigny *sp*.

Par ses lobes fortement découpés, notre espèce se rattache aux formes précédentes et notamment à *Holcodiscus diverse-costatus*.

Djebel-Ouach ; commun.

Holcodiscus asteriformis NOV. SP.

Pl. III, fig. 11.

DIMENSIONS

Diamètre.	0,025 millimètres.
Hauteur du dernier tour. . . .	0,011 —
Epaisseur — —	0,015 —
Largeur de l'ombilic.	0,006 —

Espèce voisine de *Holcodiscus Sophonisba*, dont elle se distingue par ses côtes égales et non tuberculées sur la région siphonale ; les côtes ombilicales au nombre de vingt-huit à trente, se trifurquent généralement au bord de l'ombilic ; il y en a de simplement bifurquées ; quelques unes portent au point de bifurcation un petit tubercule aigu ; toutes ces côtes traversent la région siphonale sans s'infléchir ni s'atténuer ; celle-ci est largement arrondie, l'ombilic assez large est très évasé, l'ouverture arrondie, un peu plus haute que large.

Lobes mal conservés ; ils paraissent voisins de ceux de l'espèce précédente, quoique relativement moins découpés.

Notre espèce est voisine de *Holcodiscus Morleti* Kilian et *Holcodiscus menglonensis* ; elle se distingue de toutes deux par la présence de tubercules à l'ombilic et la forme de celui-ci. Il est possible qu'elle ait des rapports avec *Ammonites Massugradæ* Coquand, mais en l'absence d'échantillons *absolument typiques* il est très difficile de tirer parti des diagnoses des *Études supplémentaires de paléontologie algérienne*.

Djebel Ouach; très rare.

Holcodiscus Sophonisba Coquand, sp.

Pl. III, fig. 7-8.

1880. *Ammonites Sophonisba* Coquand, Etud. suppl. palont. algér., p. 25.
1886. *Ammonites Sophonisba* Heinz, Foss. decr. p. Coquand, pl. I.

DIMENSIONS

Diamètre.	0,015 millimètres.
Hauteur du dernier tour. . . .	0,007 —
Epaisseur — —	0,010 —
Largeur de l'ombilic.	0,004 --

Coquille très renflée, composée de tours arrondis, croissant rapidement, visibles dans l'ombilic sur un tiers environ de leur largeur.

Côtes ombilicales fines, droites, bien marquées, simples jusqu'au pourtour de l'ombilic où la majeure partie se bifurque; quelques-unes sont pourvues au point de bifurcation d'un tubercule assez saillant et alternent avec les autres assez régulièrement; toutes traversent sans s'infléchir ni s'atténuer la région siphonale qui est largement arrondie. Sur les échantillons arrivés à un certain diamètre, variable suivant les individus, il se développe sur le dernier tour quatre, cinq côtes plus grosses, plus fortement tuberculées, ornées sur la région siphonale de deux gros tubercules réunis par une ganse comme dans *Holcodiscus Caillaudi.*

Ouverture plus large que haute, arrondie en haut, anguleuse sur les côtés, échancrée en bas par le retour de la spire.

Ombilic profond et un peu évasé.

Lobes moins finement découpés que dans les espèces pré

cédentes et rappelant beaucoup ceux de *Holcodiscus Perezi* d'Orbigny, tels qu'ils sont figurés par Uhlig (Wernsdorf, pl. XIX, fig. 11).

Cette espèce se modifie un peu avec l'âge. Les tout jeunes individus ont toutes les côtes à l'ombilic tuberculées ; plus tard, ces petits tubercules tendent à disparaître ; les grosses côtes se développent à un diamètre très variable, généralement assez tard ; je les ai cependant observées, mais très exceptionnellement, sur un petit échantillon de 10 millimètres. Il me paraît probable que l'échantillon figuré par M. Heinz sous le nom d'*Ammonites Massugrada* est un *Holcodiscus Sophonisba* n'ayant pas encore pris les grosses côtes.

Je comprends sous le nom d'*Holcodiscus Sophonisba* non seulement les échantillons fortement costulés, très renflés, à paroi ombilicale très élevée, que je considère comme le type de l'espèce, tel que l'a figurée M. Heinz, mais encore des individus plus comprimés, plus largement ombiliqués, à paroi ombilicale arrondie et à costulation plus fine et plus serrée, les tubercules ombilicaux étant très atténués et réduits à un simple renflement. Cette forme que je désigne sous le nom de var. *tenuis* est assez éloignée du type, mais elle a encore trop de rapports avec lui pour que, en l'absence d'échantillons suffisamment développés, j'ose l'en séparer.

L'assimilation de mes échantillons avec *Holcodiscus Sophonisba* est probablement exacte malgré certaines divergences, telles que la présence de nombreux petits tubercules ombilicaux, etc. Il faut remarquer que, d'après les dimensions indiquées par Coquand (32 millimètres), il aurait eu sous les yeux des échantillons plus développés que les miens, ce qui peut parfaitement suffire à expliquer les différences signalées.

Holcodiscus Sophonisba appartient au groupe de *Holcodis-*

cus Perezi d'Orbigny *sp.* On le distinguera facilement de cette espèce à son ombilic plus étroit, sa forme plus renflée, sa costulation plus fine, etc.

Djebel-Ouach; assez rare.

Holcodiscus aff. Sophonisba.

Pl. III, fig. 9.

J'inscris sous ce nom deux petits échantillons, l'un de Duvivier, l'autre de Djebel-Ouach, très voisins par leur forme générale et leur costulation de *Holcodiscus Sophonisba var. tenuis*, mais qui au lieu de grosses côtes montrent de chaque côté de la région ventrale une rangée de tubercules peu volumineux, mais très nets.

De meilleurs matériaux permettront sans doute de décrire avec plus de détails cette forme intéressante, qui par certains de ses caractères et notamment par la façon dont sont reliés les tubercules siphonaux et ombilicaux paraît aussi avoir quelques rapports avec *Holcodiscus Geronimæ*.

Djebel-Ouach, Duvivier; très rare.

Holcodiscus nov. sp., indét.

Jeunes individus très renflés, à tours très larges, ayant un peu en très petit l'aspect de *Holcostephanus latissimus* Neumayr et Uhlig (Hilsbildungen, pl. XXVIII), ornés autour de l'ombilic, qui est profond et infundibuliforme, d'une couronne de forts tubercules épineux. Lobes très peu découpés.

Il y a probablement là une espèce très intéressante, un échantillon plus développé, mais malheureusement écrasé, que je crois appartenir à la même espèce montre sur la région siphonale de gros tubercules, disposés à peu près comme dans *Holcodiscus Sophonisba*, mais plus développés.

Djebel-Ouach ; rare.

Holcodiscus sp. ind.

Le groupe de *Holcodiscus Van-den-Heckei* est à peine représenté par quelques petits échantillons que M. Kilian, qui a bien voulu les examiner, regarde comme voisins de *Holcodiscus Druentiacus* Kilian, dont ils diffèrent par des côtes plus flexueuses sur la région ventrale.

Djebel-Ouach ; rare.

GENRE VIII. — *HOPLITES* Neumayr.

1. **Hoplites Henoni** Coquand, sp.
Pl. III, fig. 12-13.

1880. *Ammonites Henoni* Coquand, Etud. suppl., p. 309.
1886. *Ammonites Henoni* Heinz. Foss. decr., pl. I.

DIMENSIONS

Diamètre.	0,026 millimètres.	0,011 millimètres.
Hauteur du dernier tour.	0,015 —	0,006 —
Epaisseur — — .	—	0,005 —
Largeur de l'ombilic. .	0,006 —	0,002 —

Coquille discoïdale un peu comprimée, formée de tours croissant très rapidement, visibles dans l'ombilic sur un tiers à peine de leur largeur.

Coquand n'a connu que de très jeunes échantillons de cette espèce ; à ce stade c'est une forme un peu comprimée sur les flancs, à enroulement rapide, couverte de costules très fines,

serrées, peu saillantes, partant simples de l'ombilic et se
bifurquant vers le tiers interne des flancs pour aller se souder
deux par deux à un petit tubercule aigu placé vers le bord
de la région siphonale; l'ombilic est étroit, à bords arrondis.
A ce stade l'espèce ressemble un peu aux formes du groupe
de *Hoplites necomiensis*.

D'après un échantillon de 26 millimètres, un peu écrasé
malheureusement, mais que je crois pouvoir rapporter à l'espèce, les côtes à ce diamètre forment des faisceaux, se
bifurquent souvent près de l'ombilic et se bidichotomisent
vers le milieu des flancs, leur allure est plus nettement fal-
culiforme, les tubercules siphonaux sont très atténués et
tendent à disparaître vers la fin du dernier tour, les côtes sont
alors simplement atténuées sur la bande siphonale qu'elles
traversent d'une façon assez irrégulière, de telle sorte que
chacune d'elles est reliée à travers la région siphonale à deux
de celles du côté opposé.

Les lobes, trop mal conservés pour être décrits en détail,
paraissent très découpés; le premier latéral en particulier
est très développé.

Les variations de cette espèce se bornent à une proportion
de côtes bidichotomes plus forte chez certains individus. On
remarque parfois quelques côtes simples intercalées entre les
tubercules; ceux-ci apparaissent généralement de très bonne
heure; chez quelques rares échantillons seulement l'ornementation du jeune est encore visible au début du dernier tour.

A l'état jeune, cette espèce rappelle un peu le groupe de
Hoplites neocomiensis, mais ses côtes fines et serrées la feront
toujours reconnaître.

Plus tard, ses côtes simplement atténuées sur la ligne siphonale l'éloignent des espèces valanginiennes et la rapprochent des formes de l'Aptien.

Djebel-Ouach; très commune à l'état jeune.

Hoplites Lamoricierei NOV. SP.

Pl. III, fig. 14.

DIMENSIONS

Diamètre.	0,022 millimètres.
Hauteur du dernier tour. . . .	0,010 —
Epaisseur — —	0,008 —
Largeur de l'ombilic.	0,008 —

Petit *Hoplites* orné à l'état jeune de côtes primaires entre lesquelles il s'intercale de fines costules qui n'arrivent pas à l'ombilic ; toutes ces côtes traversent la région siphonale où elles sont à peine atténuées. Cette ornementation est encore nettement visible vers le retour de la spire dans l'échantillon figuré. Sur le reste du dernier tour, les côtes s'espacent ; de plus, quelques-unes portent trois tubercules très petits, l'un à l'ombilic, le second vers le milieu des flancs, le troisième, qui est le plus constant, au bord de la région siphonale. Vers la fin du dernier tour, les côtes intermédiaires disparaissent presque entièrement, la bande siphonale est à peu près lisse entre les tubercules ; ceux-ci sont alternes.

L'accroissement est médiocrement rapide, l'ombilic large, l'ouverture un peu subtriangulaire est plus large que haute et tronquée en haut par le méplat ventral.

Cloisons peu distinctes, très découpées.

Si tous les petits *Hoplites* du Djebel-Ouach appartenaient à cette espèce on pourrait la considérer comme très variable sous le rapport du nombre et de l'importance des grosses côtes qui tendent à disparaître chez certains individus et à s'accentuer chez d'autres ; mais il y a probablement les jeunes de plusieurs formes distinctes, qu'il n'est pas possible de séparer pour le moment faute de matériaux suffisants.

A l'état jeune, *Hoplites Lamoricierei* rappelle un peu *Hopli-*

tes gurgasensis et *Hoplites crassicostatus;* à l'âge moyen son brusque changement d'ornementation le rend facile à reconnaître. Il est possible qu'il soit voisin de *Ammonites Reboudi* Coquand, mais comme je ne connais ce dernier que par la description de Coquand, il m'est impossible de rien avancer de précis à cet égard.

Djebel-Ouach; assez rare.

Hoplites Gelimer Coquand, sp.

1880. *Ammonites (Perisphinctes) Gelimer* Coquand, Etud. suppl., p. 356.
1886. *Ammonites Gelimer* Heinz, Foss. decr. p. Coquand, pl. IV.

Je ne connais cette espèce que par la diagnose de Coquand et ne suis pas même absolument certain que la figure de M. Heinz lui appartienne; les mauvais fragments que j'ai pu examiner paraissent indiquer une espèce différente.

Hoplites sp. indét.

Petit échantillon rappelant un peu la forme de *Hoplites asperrimus,* mais à costulation beaucoup plus fine.

GENRE IX. — *CRIOCERAS* Leveillé.

Crioceras sp. indét.

Deux mauvais fragments appartenant probablement à une espèce du groupe de *Cr. Emerici.*

GENRE X. — *ANCYLOCERAS* D'ORBIGNY,
emend. HAUG.

Ancyloceras sp. indét.

Mauvais fragments d'une forme voisine d'*Ancyloceras Mu-
theroni* d'Orbigny.

GENRE XI. — *LEPTOCERAS* UHLIG.

PL. III, fig. 15.

1. Leptoceras Cirtæ COQUAND, sp.

1880. *Toxoceras Cirtæ* Coquand, Etud. suppl., p. 374.
1886. *Toxoceras Cirtæ* Heinz, Foss. decr. p. Coquand, pl. IV.

On trouve au Djebel-Ouach de nombreux fragments décrits
par Coquand sous le nom de *Toxoceras Cirtæ* et que la forme
de leurs lobes range dans le genre *Leptoceras* Uhlig. C'est
une forme très voisine de *Leptoceras Beyrichi* Karsten *sp.*
(Geogn. Verhlätnke, pl. I. fig. 5), mais à côtes moins serrées et interrompues ou du moins fortement atténuées sur la
région siphonale; ce dernier caractère la distingue de presque
tous les *Leptoceras* connus.

Lobes presque semblables à ceux de *Leptoceras fragile*
Uhlig (Wernsdorf, pl. XXIX, fig. 9).

Leptoceras sp , ind.

PL. III, fig. 16,

Avec l'espèce précédente, mais beaucoup plus rarement, on
rencontre des fragments à côtes plus fines, moins nettement
interrompues sur la ligne siphonale; l'enroulement paraît
avoir affecté une forme ovale comme dans *Leptoceras nov.
sp. indet.* de M. Uhlig (Wernsdorf, pl. XXXII, fig. 6) , mes
échantillons sont malheureusement insuffisants pour carac-
tériser l'espèce.

RÉSUMÉ

		Montagne de Lure		Wernsdorf	Marnes Aptiennes	Divers
		Niveau de Combe Petite	Niveau de Monteyron			
1	*Phylloceras infundibulum* d'Orbyg.	•	•	•	?	Hauterivien de la Drôme.
2	— *Thetys* d'Orbigny.	•	•	•	?	
3	— cfr. *Thetys* d'Orb.		•	•		
4	— cfr. *Ernesti* Uhlig.					
5	— *Micipsa* Coquand sp.		•	•		
6	*Lytoceras crebrisulcatum* Uhlig.					Barrémien supér. de Swinitza.
7	— *numidum* Coquand.					
8	— *Duvali* d'Orb.				•	
9	— *Jauberti* d'Orb.				•	
10	*Macroscaphites* cfr. *binodosus* Uhl.			•		
11	— nov. sp. Indet.					
12	— *striatisulcatus* d'Orb.				•	
13	*Pulchellia Sauvageaui* Herm.					Barrémien de Baléares.
14	— *Changarnieri* nov. sp.					
15	— *Ouachensis* Coquand.					
16	— sp. Ind.					
17	— *coronatoïdes* nov. sp.					
17 bis	*Pulchellia Heinzi* Coquand.					
18	*Pulchellia hoplitiformis* nov. sp.					
19	— *Danremonti* nov. sp.					
20	— *Subcaicedi* nov. sp.					
21	— cfr. *Caicedi* Karsten.					Barrémien de Colombie.
22	— *provincialis* d'Orb.					Barrémien d'Escragnolles.
23	*Desmoceras difficile* d'Orb.	•	•	•		
24	— *strettostoma* Uhlig.			•		Barrémien supér. de Swinitza et de Cobonne.
25	— *Seguenzæ* Coquand.					
26	— *Nabdalsa* Coquand.					
27	— cfr. *Nabdalsa*.					

	MONTAGNE DE LURE		WERNSDORF	MARNES APTIENNES	DIVERS
	NIVEAU DE COMBE PETITE	NIVEAU DE MORTEYRON			
28 *Desmoceras Angladei* nov. sp.					
29 — *Getulinum* Coquand.					
30 — *Cirtense* nov. sp.					
31 *Silesites Seranonis* d'Orb.		•			Barrémien supér.
32 — sp. ind.					de Swinitza.
33 — cfr. *vulpes* Coquand.		•	•		
34 *Holcodiscus Gastaldii* d'Orb.	•				
35 — *diverse-costatus* Coquand.					
36 — *Gerominx* Hermite.					Barrémien de Mi-
37 — *algirus* nov. sp.					norque.
38 — *menglonensis*.					Calcaire coralligè-
39 — *astieriformis* nov. sp					ne à orbitolines
40 — *Sophonisba* Coquand.					de Menglon
41 — affr. *Sophonisba*.					(Drôme).
42 — nov. sp. ind.					
43 — affr. *druentiatus*.	•				
44 *Hoplites Henoni* Coquand.					
45 — *Lamoricieri* nov. sp.					
46 — *Gelimer* Coquand.					
47 — sp. ind.				•	
48 *Crioceras* sp. ind.	•				
49 *Ancyloceras*, sp.					
50 *Leptoceras Cirtæ*.					
51 — sp. ind.					

Les 51 formes que j'ai pu examiner se décomposent de la façon suivante au point de vue générique :

Phylloceras	5	*Silesites*	3
Lytoceras	4	*Holcodiscus*	10
Macroscaphites	3	*Hoplites*	4
Pulchellia	11	*Leptoceras*	2
Desmoceras	8	*Crioceras* et *Ancyloceras*	2

Comparée aux faunes barrémiennes de la montagne de Lure, si bien connue par les travaux de M. Kilian, celle de Djebel-Ouach n'a qu'un petit nombre d'espèces communes, soit avec le niveau de Combe-Petite, soit avec celui de Morteyron ; mais le développement très grand des genres *Holcodiscus* et *Pulchellia* est nettement caractéristique du Barrémien inférieur. Cependant la présence d'espèces telles que *Silesites Seranonis*, des formes du genre *Macroscaphites* et de *Desmoceras strettostoma* me font présumer que le Barrémien supérieur doit être représenté. Les rapports de cette faune avec les marnes aptiennes sont assez grands et ils seront beaucoup plus évidents lorsqu'on connaîtra mieux les céphalopodes de l'Aptien du midi de la France. Il y a de plus un certain nombre de formes que je n'ai pu assimiler d'une façon certaine avec des espèces aptiennes, mais qui en sont fort voisines.

Il me paraît donc probable que des recherches stratigraphiques permettraient de trouver au Djebel-Ouach, au-dessus du Barrémien inférieur absolument incontestable, une couche renfermant la forme du Barrémien supérieur avec quelques espèces aptiennes.

Un caractère négatif curieux de cette faune est l'absence ou du moins l'extrême rareté des céphalopodes déroulés que l'on retrouve pourtant en France dans les facies pyriteux d'âge correspondant ; à ce point de vue là notre gisement peut se comparer à celui de Swinitza, avec lequel il a du reste un certain nombre d'espèces communes.

En terminant, j'exprimerai le regret de n'avoir pu retrouver un grand nombre de formes décrites par Coquand. Ce sont les suivantes :

Ammonites Oxyntas.	*Ammonites Reboudi.*
— *Scipionis.*	— *Gulussæ.*
— *Masintha.*	— *Massugradæ.*

Ammonites Sinzora.	*Ammonites Emmelina.*
— *Gelimer.*	— *Vermina.*
— *Gurzil.*	*Toxoceras Henoni.*
— *Gildon.*	— *Ensis.*
— *Mazuca.*	— *Ouachense.*

Une partie de ces *Ammonites* a été décrite de Duvivier gisement dont je n'ai eu que peu de choses à ma disposition et dont l'étude serait bien à désirer.

INDEX BIBLIOGRAPHIQUE

1854. Coquand. — Description géologique de la province de Constantine. *Mémoires de la Société géologique de France*, 2e série, t. V., 1re partie.

1862. Coquand — *Géologie et paléontologie de la région sud de la province de Constantine.*

1880. Coquand. — Études supplémentaires de paléontologie algérienne (*Bulletin de l'Académie d'Hippone*).

1850. Douville. — *Sur les cératites de la craie*, compte rendu sommaire.

1889. Haug. — Beitr. zur Kenntniss der oberneocom. Ammonitenfauna der Puez Alpe bei Corvara in Südtirol *(Beiträge zur Palæontologie Oestreichs-Ungarns und der Orients).* Wien.

1879. Hermite. — *Études géologiques sur les îles Baléares.* Paris.

1856. Karsten. — Die geognostische Verhältnisse Neu-Granadas *(Verhandlungen der Versammlung deutscher Naturforscher in Wien.*

1888-89. Kilian. — *Description géologique de la montagne de Lure* (thèse pour le doctorat). Paris.

1889. Kilian. — Sur quelques fossiles du crétacé inférieur de la Provence *(Bull. Soc. géol. de France)*, 3e série, t. XVI, p. 563.

1888. Kilian. — Études paléontologiques sur les terrains secondaires et tertiaires d'Andalousie.

1883. Leenhard. — Étude géologique sur le mont Ventoux.

1861. de Loriol. — Description des animaux invertébrés fossiles contenus dans l'étage néocomien moyen du mont Salève.

1878-80. Matheron. — Recherches paléontologiques dans le midi de la France (Atlas).

1878. Mösch. — Zur Paläontologie des Sentisgebirges : über einige neue oder wenig bekannte aus der Kreide des Sentisgebirges. Mat. pour la carte géol. suisse, 13e livraison.

1871. Neumayr. — Phylloceraten der Dogger und Malm (Jurastudien) *(Jahrbuch d. K. K. geologisch. Reichsanstalt).*

1875. Neumayr. — Die Ammonitiden der Kreide und die Systematik der Ammonitiden.

1875. Neumayr. — Die geographische Verbreitung der Juraformation.

1876. Neumayr et Uhlig. Ammonitiden aus den Hilsbildungen Norddeutschlands (Paläontographica).

1888. Nikitin. — Sur les vestiges de la période crétacée dans la Russie centrale.

1860. Ooster. — Catalogue des Céphalopodes crétacés des Alpes suisses.

1841. D'Orbigny. — Paléontologie française, terrains crétacés, t. I (céphalopodes).

1850. D'Orbigny. — Prodrome de paléontologie. stratigraphique universelle des animaux mollusques et rayonnés.

1883. Torcapel. — Sur quelques fossiles nouveaux de l'urgonien du Languedoc (*Bull. soc. d'ét. sc. de Nîmes*).

1882. Uhlig. — Zur Kenntniss der Cephalopoden de Rossfeldschichten (*Jahrbuch. d. K. K. geol. Reichsanstalt*), t. XVII.

1883. Uhlig. — Die Cephalopoden Fauna der werusdorfer Schichten (*Denkschriften der Math.-Naturwiss. Classe d. Kaiser. Academie der Wissenschaft.*).

1887. Uhlig. — Ueber neocome Fossilien von Gardenazza in Süd Tyrol (*Jahrbuch d. K. K. geol. Reichsanstalt*), t. XXXVII.

1884. Weerth. — *Die Fauna d. Neocomsandstein im Teutlburger Wald.* Berlin.

1868. Zittel. — Die Cephalopoden der Stamberger Schichten.

1870. Zittel. — Die Fauna der aelt. Cephalopoden führenden Tithonbildungen.

1886. Heinz. — Fossiles décrits par Coquand (planches photographiées).

INDEX ALPHABÉTIQUE

— ——

Les synonymes sont imprimés en caractères romains.

PLANCHES

(1) Sauf indication contraire, tous les échantillons figurés dans ce mémoire proviennent du *Barrémien* du Djebel-Ouach et font partie de la collection de M. Heinz.

PLANCHE II

Les lobes figurés sur cette planche sont tous grossis trois fois.

PLANCHE III

(1) Les lobes figurés sur cette planche le sont au $\frac{6}{1}$, pour leurs détails, prière de s'en rapporter plus particulièrement à la description.

LYON — IMP. PITRAT AINÉ. RUE GENTIL, 4.